TURING

U0127907

张镭 —— 著

深度学习
在自然语言处理中
的应用

从词表征
到ChatGPT

人民邮电出版社
北　京

图书在版编目（CIP）数据

深度学习在自然语言处理中的应用 ： 从词表征到
ChatGPT / 张镭著. -- 北京 ： 人民邮电出版社，2023.5
ISBN 978-7-115-61333-2

Ⅰ．①深… Ⅱ．①张… Ⅲ．①机器学习－应用－自然
语言处理－研究 Ⅳ．①TP391

中国国家版本馆CIP数据核字(2023)第043561号

内 容 提 要

本书针对当前火热且应用前景广阔的自然语言处理（NLP），系统性地介绍了深度学习的技术原理及其在自然语言处理中的应用；简要分析了该领域各个应用方向上的相关模型和关键技术，包括Transformer、BERT、GPT，等等；汇集了众多论文中的重要思想和研究成果；系统梳理了技术发展脉络。此外，本书还介绍了如何使用深度学习技术来训练模型，并分析了其在应用中的表现及优化手段，以帮助读者更好地将理论应用于实践。本书内容通俗易懂，可作为入门自然语言处理的参考书。

本书适合对深度学习以及自然语言处理感兴趣的人士阅读。

◆ 著　　　　张　镭
责任编辑　王军花
责任印制　胡　南

◆ 人民邮电出版社出版发行　　北京市丰台区成寿寺路11号
邮编　100164　电子邮件　315@ptpress.com.cn
网址　https://www.ptpress.com.cn

北京隆昌伟业印刷有限公司印刷

◆ 开本：800×1000　1/16
印张：13.25　　　　　　2023年5月第1版
字数：261千字　　　　　2023年5月北京第1次印刷

定价：79.80元

读者服务热线：(010)84084456-6009　印装质量热线：(010)81055316
反盗版热线：(010)81055315
广告经营许可证：京东市监广登字 20170147 号

前　言

　　自然语言处理是计算机科学的一个重要研究方向。它主要研究人与计算机之间通过自然语言进行交流的理论和方法，涉及语言学、统计学和机器学习等多个领域的知识。自然语言处理的应用包括文本搜索、文章推荐、机器翻译和人机对话等，其产品已经广泛地应用在人们的日常生活中，例如百度的文本搜索系统、今日头条的文章推荐系统、谷歌的机器翻译系统和苹果的 Siri 语音助手等。近年来，随着深度学习在自然语言处理上取得突破性进展，它已经替代传统的统计机器学习，成为自然语言处理的主流方法。各种针对自然语言处理的深度学习模型被不断提出。但是，基于深度学习的自然语言处理涉及多个领域的知识，门槛比较高，而市面上又缺少一本介绍基于深度学习的自然语言处理的通俗易懂的入门书。

　　笔者拥有多年关于自然语言处理的学术研究经历和产品研发经验。针对以上问题，笔者参考了大量重要的自然语言处理、机器学习和深度学习的文献资料，并且结合自身的工作经验，写成了这本基于深度学习的自然语言处理图书。

　　全书主要分为两大部分，共 12 章。第一部分包括第 1~6 章，主要介绍深度学习和自然语言处理的基础知识和关键支撑技术，包括深度学习和自然语言处理简介、深度学习模型的基础架构、词表征、注意力机制、迁移学习和强化学习等。第二部分包括第 7~12 章，主要介绍深度学习在自然语言处理中的具体应用，包括机器翻译、文本摘要、自动问答、对话系统、情感分析和ChatGPT。

　　由于笔者的水平有限，并且编写较为仓促，因此书中难免存在疏漏和错误，欢迎各位读者朋友批评指正（个人邮箱 lzhang32@gmail.com）。期待收到读者朋友们的反馈，让我们在自然语言处理的学习之路上共同进步。

感谢美国伊利诺伊大学芝加哥分校的刘兵教授在学术上给予我的指导和帮助。

感谢 Adobe、LinkedIn 和 Meta 的同事在工作上给予我的指导和帮助。

特别感谢编辑王军花女士和陈兴璐女士在本书策划、写作和完稿过程中给予我的巨大帮助。

谨以本书献给我的家人以及热爱自然语言处理的朋友们。

目　　录

第 1 章

绪　　论

自然语言处理（natural language processing，NLP）是计算机科学的一个研究重要方向，它主要研究人与计算机之间通过自然语言进行交流的理论和方法。作为机器学习（machine learning）领域中发展最为迅速的分支，深度学习（deep learning）在 NLP 上的研究和应用都取得了突破性的进展。目前，NLP 的主流研究已经从统计机器学习转向深度学习。大量基于深度学习的 NLP 应用产品进入了市场，比如百度的文本搜索系统、今日头条的文章推荐系统、谷歌的机器翻译系统以及苹果的 Siri 语音助手等，它们正在改善着人们的日常生活。

1.1　机器学习简介

本书重点介绍的深度学习属于机器学习的重要分支。本节将简要介绍机器学习的发展历程及其算法分类。

1.1.1　机器学习的发展历程

机器学习研究的是如何让计算机通过自身计算，从已知的训练数据中学到知识，然后利用这些知识对未知数据做出判断或预测。机器学习的计算方法称为算法，从已知的训练数据中学到的知识称为模型。机器学习与人工智能（artificial intelligence，AI）紧密相连，它是人工智能的主要研究方向和实现途径。

1950 年，图灵（Turing, 1950）提出了关于判断机器是否具有人类智能的图灵测试。该测试让一位测试员用自然语言分别询问两个测试对象，一个是具有正常思维的人，另一个是机器。如果经过若干轮询问以后，测试员无法分辨出人和机器，则表示机器具有人类智能，通过了测试。

图灵测试定义了人工智能的基本概念，拉开了人工智能研究的序幕。1956 年，John McCarthy 等人组织了达特茅斯人工智能会议[①]，会上提出并讨论了很多有趣的研究课题，如符号方法（symbolic method）等。该会议对后来人工智能的研究影响巨大，标志着人工智能学科的建立。20 世纪五六十年代，人工智能研究在逻辑推理方面取得突出成果。Herbert Simon、Allen Newell 和 John Shaw 一起开发了人工智能程序"逻辑理论家"（Logic Theorist）。"逻辑理论家"能证明数学名著《数学原理》（*Principia Mathematica*）第 2 章中前 52 个定理中的 38 个，被视为计算机模拟人类智能的重大突破。在机器学习研究方面，1958 年，Frank Rosenblatt 基于人类神经感知理论发明了能通过自主学习来进行图形识别的感知机（perceptron）。它先是以软件的形式在 IBM 704 计算机上实现，然后被制成硬件设备 Mark I Perceptron。感知机是机器学习中人工神经网络（artificial neural network，简称神经网络）算法的雏形。1959 年，Samuel（Samuel, 1959）在研究计算机跳棋的文章中提出了机器学习的概念：机器学习是赋予计算机学习能力而无须特定编程的研究领域。1963 年，Vapnik 和 Lerner（Vapnik and Lerner, 1963）提出了广义肖像算法（generalized portrait algorithm）。该算法是机器学习中支持向量机（support vector machine，SVM）算法的原型。1969 年，Minsky 和 Papert（Minsky and Papert, 1969）指出具有单层网络的感知机只能解决线性可分问题，无法解决非线性分类问题，例如 XOR（逻辑异或）问题，而如果将感知机的网络增加到两层，则计算量会过大。由于当时缺乏有效的计算方法，因此感知机无法被实际应用。这个断言使得对神经网络的研究停滞了相当长的一段时间。后来人们发现使用多层感知机（multilayer perceptron）能解决非线性分类问题。1967 年，Cover 和 Hart（Cover and Hart, 1967）提出了最近邻算法（nearest neighbor algorithm），开启了机器学习中模式识别（pattern recognition）方向的研究。1974 年，Paul Werbos 在他的博士论文中首先提出了使用反向传播算法（backpropagation algorithm）来训练神经网络的想法。

20 世纪七八十年代，人工智能研究进入了知识工程时期。人们希望把人类的经验和知识总结成事实和规则来"教"给计算机，例如，"如果今天空气湿度很大并且空气中富含凝结核，那么今天会下雨"。这些事实和规则可以使用计算机语言中的"IF ELSE"逻辑来描述。Edward Feigenbaum 提出了使用专家系统（expert system）来实现人工智能的想法，并领导开发出了首个专家系统 Dendral[②]。专家系统运用基于事实的规则推理来模拟领域专家进行决策。当时许多公司投入到了专家系统的开发中，基于专家系统的产品也在商业和工业等多个领域被成功应用。但是

---

① 有兴趣的读者可以查看 Ray Solomonoff 的会议笔记，参见 Dartmouth AI Archives 网站。
② Dendral 的详情可见维基百科。

随着研究和应用的深入，人们逐渐发现了专家系统的局限性：人们通常难以对推理规则进行完整的描述和总结，导致系统的稳健性不强；如果专家系统的知识库太小，当碰到以前没有描述过的情况时，则无法通过规则做出推断。于是，人们希望计算机能自动从数据中发现规则来对问题做出判断或预测，而不需要事先人工设计出所有的规则。

20 世纪 80 年代中后期开始，随着机器学习理论和算法取得长足的进展，人工智能的主流研究开始转向机器学习。1984 年，Valiant（Valiant, 1984）提出了 PAC（probably approximately correct）学习框架，将计算复杂度理论（computational complexity theory）引入机器学习。这使得机器学习第一次有了坚实的数学基础，显著促进了其发展。1986 年，Rumelhart 等人（Rumelhart et al., 1986）发现通过反向传播算法训练神经网络，能在其隐藏层生成针对任务的重要特征。这"重新发现"了反向传播算法，吸引人们投入到对神经网络的研究中。同年，Quinlan（Quinlan, 1986）提出了决策树（decision tree）算法。它能根据训练数据自动生成树状决策结构。在决策树模型中，每个节点都是一个数据判断条件，从树的根节点到叶节点是一个明确的决策过程。1990 年，Robert Schapire 提出了集成学习（ensemble learning）方法。它研究如何将一组弱分类器组合成一个强分类器。1995 年，Freund 和 Schapire（Freund and Schapire, 1997）进一步发展了集成学习方法，提出了 AdaBoost 算法。该算法因为不需要任何关于弱分类器的先验知识而更具有实用性。同年，Cortes 和 Vapnik（Cortes and Vapnik, 1995）发展和完善了 SVM 理论，SVM 利用核技巧（kernel trick）将低维向量空间中的非线性问题转换成高维空间中的线性问题来进行处理。1998 年，Vapnik（Vapnik, 1998）提出将机器学习问题转化成优化问题，通过优化理论解决机器学习问题。由于具有深厚的数学理论基础，统计机器学习（statistical machine learning）开始成为机器学习的主要研究方向之一。

从 2006 年开始，神经网络研究重新受到人们的关注。2006 年，Geoffrey Hinton 等人提出了深度学习的思想，即通过深度神经网络进行机器学习。2012 年，Krizhevsky 等人（Krizhevsky et al., 2012）实现的神经网络模型在计算机视觉挑战比赛中大放异彩，将图像识别错误率降低了一半。2016 年，谷歌开发的基于深度学习的围棋系统 AlphaGo 与围棋世界冠军李世石进行了围棋人机比赛，并以 4 比 1 的总比分获胜。2020 年，OpenAI 发布了基于深度学习的预处理语言模型 GPT-3[①]，它在很多 NLP 任务上的表现接近人类水平。深度学习目前是机器学习中发展最为迅速的分支。2022 年，OpenAI 推出了聊天机器人 ChatGPT，其在 GPT-3.5 的基础上通过基于人

---

① GPT-3 的详情可见维基百科。

工反馈的强化学习（reinforcement learning from human feedback，RLHF）方法进行训练，是目前向公众发布的最好的聊天机器人。

1.1.2　机器学习的算法分类

按照不同的学习方式，机器学习的算法可以分成以下几大类。

- 监督学习（supervised learning）：人们需要给计算机提供训练数据来进行监督学习。单个训练数据一般包括输入 x_i 和预期输出 y_i，多个训练数据就组成了训练集 $\{(x_i, y_i),$ $(x_2, y_2), \cdots, (x_n, y_n)\}$。我们希望计算机从训练集中学习到一个函数 f。该函数会建立一个从输入空间 $\mathcal{X}$ 到输出空间 $\mathcal{Y}$ 的映射，$f: \mathcal{X} \to \mathcal{Y}$。当面对新的数据时，计算机可以根据 f 来判断或预测结果。而根据映射的不同，监督学习的任务可分为两大类：分类（classification）和回归（regression）。分类任务是将输入映射成二分类或多分类输出。例如，判断一封邮件是否为垃圾邮件是一个二分类任务，而判断一张图片上的水果属于哪一种（例如，桃、梨或苹果等）是一个多分类任务。分类任务的输出是离散值。回归任务则是将输入映射成连续输出。例如，预测一套房屋的当前市场价格是一个回归任务。回归任务的输出是实数值。
- 无监督学习（unsupervised learning）：与监督学习不同，无监督学习的输入数据没有人工标注。该类算法试图自动发现输入数据的结构和规律。无监督学习的任务主要分为两大类：聚类（clustering）和关联（association）。聚类任务是算法自动将输入数据划分成多个集合，同一个集合中的数据具有相似性，而不同集合之间的数据有明显差异。例如，在消费市场分析中，聚类任务可以将客户按照消费习惯自动分成不同的群组。关联任务是自动发现输入数据之间的依存关系，即发现某些事件数据的产生会引起另外一些事件数据的产生。举个例子，通过商品销售记录分析，关联任务可以发现顾客购买行为规律，比如顾客在购买牛奶和鸡蛋的同时，很有可能购买面包，从而得到关联规律"购买{牛奶，鸡蛋} → 购买{面包}"。
- 半监督学习（semi-supervised learning）：半监督学习输入数据的人工标注数量介于监督学习与无监督学习之间。人们只对部分输入数据进行标注，希望在少量标注数据的引导下，能够利用大量无标注数据来学习建立模型。与监督学习相比，半监督学习在任务标注数据较少时所建立模型的泛化能力更强，即模型对新数据的处理效果较好；而与无监督学习相比，它建立的模型准确度更高。

- ❏ **自监督学习**（self-supervised learning）：与无监督学习相同，自监督学习的输入数据没有人工标注。但该类算法会自动生成标注数据，再通过监督学习的方式来训练模型。例如，语言模型能根据文本中的上文去预测下一个单词。它将输入文本中的某些单词去掉作为标注数据，再利用它们的上文来预测去掉的单词。
- ❏ **迁移学习**（transfer learning）：它是将在已有任务上学习到的知识迁移到相关任务的新模型上，以此来帮助新模型的训练，提升新模型的学习效率和任务表现。
- ❏ **强化学习**（reinforcement learning）：与无监督学习类似，强化学习不需要人工标注数据。它在任务的环境中不断进行试验来得到环境反馈。强化学习的目标是从环境反馈中总结出经验，通过调整试验策略来将任务回报最大化。

1.2 深度学习简介

深度学习是基于深度神经网络对数据进行分析和建模的机器学习算法。深度学习的源头可以追溯到 1980 年，福岛邦彦（Fukushima, 1980）提出使用神经感知机（neocognitron）处理视觉模型识别问题。它被视为卷积神经网络（convolutional neural network，CNN）算法的前身。1989年，LeCun 等人（LeCun et al., 1989）开始将反向传播算法应用于训练 CNN 来识别手写邮政编码。Hochreiter 和 Schmidhuber（Hochreiter and Schmidhuber, 1997）提出了长短期记忆（long short-term memory，LSTM）网络算法。20 世纪 90 年代中后期，深度神经网络的研究一度陷入低谷，主要原因是随着神经网络层数的增加，模型训练的复杂度和计算量都大幅增加，而当时的计算机性能不足以支持算法应用。同一时期，以统计学习为理论基础的机器学习算法（例如 SVM）则蓬勃发展。相比之下，深度神经网络的理论基础薄弱，建模难度大，并且模型的可解释性差。这种情况一直持续到 2006 年，Hinton 等人（Hinton and Salakhutdinov, 2006；Hinton et al., 2006）开创性地提出了训练深度信念网络（deep belief network）的方法。他们将深度神经网络的训练分为逐层无监督预训练（unsupervised pretraining）和监督反向传播（supervised backpropagation）学习两大部分。深度信念网络的每一层是一个受限玻尔兹曼机（restricted Boltzman machine）。新训练方法从第一层开始，首先通过受限玻尔兹曼机的无监督学习方法得到该层参数，然后固定该层参数，将其作为下一层的输入，并继续使用无监督学习方法获得参数，依次逐层进行处理。逐层无监督预处理训练获得了深度信念网络的初始化权重。接下来，新训练方法根据少量人工标注数据，利用反向传播算法对深度信念网络的参数进行微调（fine-tuning）。该方法能有效地解决深度神经网络训练困难的问题，因而逐渐吸引人们重新投入到深度学习的研究之中。

目前，深度学习已经在语音处理、计算机视觉和 NLP 等多个人工智能领域取得重大突破。学术界和工业界都在投入大量资源进行研究和应用。深度神经网络的复兴可以归结为以下几个主要原因。

❑ 近年来，计算机的性能大幅提高，特别是图形处理器（graphics processing unit，GPU）技术发展迅速。与中央处理器（central processing unit，CPU）相比，GPU 具有更强的浮点运算能力、更快的存储和读写速度，并且支持多核并行计算。这使得深度神经网络模型的训练、优化和部署效率大幅提高。

❑ 在当前的互联网大数据时代，很多机器学习任务能得到大量训练数据，包括标注数据和非标注数据。深度神经网络的模型复杂度高，学习能力强，相比于简单的机器学习模型，更能从大量数据中学习到知识。

❑ 深度神经网络的中间层（或称隐藏层）表征（representation）能力强。线性模型没有中间层表征，而一般非线性模型（例如 SVM）的中间层表征能力有限。传统机器学习模型的特征提取（feature extraction）和特征转换（feature transformation）主要依赖专家的领域知识，通常由人工设计完成。而深度学习能自动利用多层非线性处理单元来进行特征提取和特征转换。在深度神经网络中，靠近数据输入的低层能学习简单的特征，高层则从低层的输入中学习复杂的特征。这种特征学习的层次结构能提供强大的表征能力。如图 1-1 所示，从左（低层）到右（高层）显示了深度学习在人脸识别任务中通过学习得到的特征层次结构。我们可以看到学习到的图像特征的复杂度在不断提高，开始只是图像块和图像边，接着是人的鼻子、眼睛和脸颊等，最后是人脸。

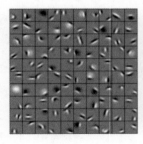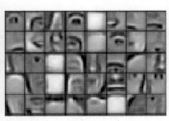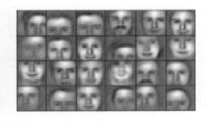

图 1-1　深度学习的特征层次结构［图片来自（Lee et al., 2009）］

此外，深度学习可以进行端到端（end-to-end）的训练。传统机器学习模型由多个处理模块组成，如特征提取、特征转换和模型训练等。这些模块通常独立进行学习和优化，不容易进行整体规划来提高模型的最终表现。如果对其中一个模块进行改进，则可能需要对整个模型重新进行训练。而深度学习系统不是让各个模块分别进行学习和优化，再组合成一个系统，而是将整个系统组建好之后一起训练，即以原始数据作为输入，直接输出所需要的最终结果。其优势是可以整体优化所有的模型参数，模型的训练、优化和部署效率会大幅提高。

1.3 自然语言处理简介

NLP 是计算机科学与语言学的交叉学科，又称计算语言学（computational linguistics）。本节将简要介绍 NLP 的发展历程、研究方向、主要任务，以及当前面临的挑战。

1.3.1 自然语言处理的发展历程

NLP 的发展与人工智能的发展紧密相关。1950 年，图灵测试基于机器和测试员能否通过自然语言进行交谈，来判断机器是否具有智能。1954 年，美国乔治敦大学与 IBM 利用 IBM-701 计算机首次完成了从俄文到英文的机器翻译实验，展示了机器翻译的可行性，从而拉开了机器翻译研究的序幕。

20 世纪 60 年代到 80 年代，NLP 的主流研究方法是理性主义方法。它的基本思想是：人类的语言能力类似于视觉能力，是由生物遗传决定的一种先天构造。人类天生具有适用于所有人类语言的基本语法结构的知识，这种与生俱来的知识被称作普遍语法。持这种观点的代表人物是 Noam Chomsky，他的语言官能（faculty of language）理论（Chomsky, 1957）当时被广泛接受。理性主义方法试图通过研究语法来设计人工规则，将知识和推理纳入 NLP 系统。采用该方法的 NLP 系统一般首先按照词法规则对输入文本的单词进行词法分析，然后使用语法规则对输入文本的句子进行句法分析，最后利用映射规则将上述分析的语法结构映射成语义符号（如逻辑表达式和语义网络等）来进行语义分析。例如，1966 年，Joseph Weizenbaum 开发的模拟人类自然语言交流的程序 ELIZA[①]（它被称为聊天机器人鼻祖）就是采用人工规则来分析人类语言的。理性主义方法与当时专家系统所用的方法类似。

20 世纪 90 年代开始，NLP 的主流研究方法逐渐转向经验主义方法。与理性主义方法不同，经验主义方法的基本思想是：人类的语言能力并不是与生俱来的。人脑一开始具有联想、模式识别和泛化处理的能力，这些能力使人类从小就能利用感官输入来学习自然语言的具体结构。因此，

---

① 具体内容可见维基百科。

经验主义方法试图以语料库为语言知识基础，利用统计机器学习的方法（Manning and Schütze, 1999；宗成庆，2013）来获得语料库中的语言知识。基于该方法的 NLP 系统一般首先根据语料库建立特定的统计机器学习模型［例如，隐马尔可夫模型（HMM）、最大熵（maximum entropy）、支持向量机（SVM）和条件随机场（CRF）等］来描述自然语言结构，然后训练该模型来学习自然语言。经验主义方法的流行与当时统计机器学习的兴起密切相关。

理性主义方法以语言学理论为基础，具有语言规则描述精确等优点，但是该方法的稳健性差（例如，不完备的语言规则将导致推理失败，语言规则之间可能存在矛盾）。相比之下，经验主义方法的优点在于稳健性好，但是该方法缺乏对语言学理论的深入利用。

2006 年后，随着深度学习取得突破性进展，NLP 的主流研究进入深度学习阶段（Collobert et al., 2011；Young et al., 2017）。它是经验主义方法的延伸。基于深度学习的 NLP 的主要思想是以超大规模语料作为语言知识基础，利用深度神经网络模型学习语料中的知识并将其应用到 NLP 任务中。

1.3.2　自然语言处理的研究方向

NLP 的两个主要研究方向为自然语言理解（natural language understanding，NLU）和自然语言生成（natural language generation，NLG）。NLU 是将语言文本转换成计算机能处理的数据表示，研究如何让计算机理解人类的自然语言。而 NLG 研究如何让计算机将文档、图像、音频和视频等数据自动变成人类可以理解的自然语言。

NLU 的核心是分析和理解文本的语义。语言的理解过程通常是自底向上的，即从文本包含的单词的词形出发，经过词法分析和句法分析，最后达到对文本的语义理解。而 NLG 的核心是构建文本。语言的构建过程通常是自顶向下的，即从目标生成文本的语义出发，首先确定文本的篇章结构，然后确定概念到词的映射关系，最后确定使用单词的词形等。此外，NLG 需要考虑各种从语义到文本的建构约束条件，例如文本长度、语言风格等。

1.3.3　自然语言理解的主要任务

NLU 的主要任务包括形态分析（morphological analysis）、词法分析（lexical analysis）、句法分析（syntactic analysis）、语义分析（semantic analysis）、信息提取（information extraction）、文本分类（text classification）等。

1. 形态分析

形态分析是指分析词的内部结构。不同的语言有不同的形态分析方法。以英语为例，英文单词是由语素（morpheme）组成的，语素是英文中最小的有独立意义的语言单位。语素和单词的不同之处在于许多语素不能单独成词。依据能否单独成词，语素可分为自由语素和规范语素。例如，英文单词"untouchable"由 3 个语素构成，即"un"（规范语素）、"touch"（自由语素）和"able"（自由语素）。常见的形态分析任务包括词干提取（stemming）和词形还原（lemmatization）。词干提取是去除词的前后缀得到词干（stem）的过程。例如，英文单词"speaks""speaking""speakers"通过词干提取，均得到词干"speak"。这里，"speaks"和"speakers"虽然意思不同，但是词干相同。词形还原是指去除词后缀得到词元（lemma）。例如，英文单词"speaks"和"speakers"通过词形还原，分别得到了词元"speak"和"speaker"，原词的意思被词元保留。

2. 词法分析

词法分析是指分析文本中的词。常见的词法分析任务包括分词（tokenization）和词性标注（part-of-speech tagging，POS tagging）。

分词是指将文本分解成词或者符号。例如，英文句子"Today is a good day."可以分解成 5 个单词和 1 个句点，即"Today / is / a / good / day /."。相较于英文，中文的分词比较复杂，主要有以下几方面原因。

- ❑ 中文没有空格作为词的分隔符。
- ❑ 根据不同的应用场景，中文分词需要用到细粒度分词或者粗粒度分词。前者是将原语句切分成最基本的词；后者是将原语句中的多个基本词组合起来切成一个词，作为语义相对明确的实体。例如，中文句子"武汉大学坐落在珞珈山"的细粒度分词为"武汉 / 大学 / 坐落 / 在 / 珞珈 / 山"，而粗粒度分词为"武汉大学 / 坐落 / 在 / 珞珈山"。
- ❑ 中文分词的歧义问题比较常见，容易造成同一句话有不同的分词结果。例如，中文句子"同学会组织活动"，可以分词为"同学 / 会 / 组织 / 活动"或者"同学会 / 组织 / 活动"。

词性标注是对分词结果中的每个单词标注一个正确的词性。词性主要有 9 大类，分别是名词（noun）、动词（verb）、冠词（article）、形容词（adjective）、副词（adverb）、介词（preposition）、代词（pronoun）、连词（conjunction）和叹词（interjection）。有些大类，如名词、动词和形容词等，还可以细分成更多的小类①。例如，上述中文例句的词性标注结果为"武汉大学/名词 坐落/动词 在/介词 珞珈山/名词"。值得注意的是，同一个词根据不同的上下文可能有不同的词性。

3. 句法分析

句法分析是指分析句子的句法结构或者句子中词之间的依存关系。常见的句法分析任务包括组块识别（chunking）、结构解析（syntactic parsing 或 constituency parsing）和依存解析（dependency parsing）。

组块识别属于浅层句法分析，目的是将句子分解成短语块并分析短语块之间的句法关系。例如，对于英文句子"He reckons the current account deficit will narrow to only #1.8 billion in September"②，组块识别的结果是"He/B-NP reckons/B-VP the/B-NP current/I-NP account/I-NP deficit/I-IP will/B-VP narrow/I-VP to/B-PP only/B-NP #/I-NP 1.8/I-NP billion/I-NP in/B-PP September/B-NP"。词的标注前缀"B-"和"I-"分别表示组块的开始和中间，词的标注后缀"-NP""-VP""-PP"分别表示名词组块、动词组块、介词组块。

结构解析是将输入句子依照语法标注出句法结构（即词和短语之间的关系）来生成解析树。根据生成语法的不同，解析树分为结构解析树和依存解析树。

结构解析树是根据成分语法（constituency grammar）生成的。树中的节点分为终节点和非终节点。树的内部节点被标注为非终节点，而叶节点被标注为终节点。图 1-2 展示了英文句子"Angela plays the ball"的结构解析树。

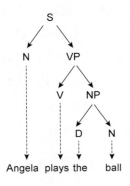

图 1-2   结构解析树的示例

---

① 参见 Penn Treebank Project 使用的词性类别（"Alphabetical list of part-of-speech tags used in the Penn Treebank Project"）。
② 英文例句来自 CoNLL 数据集。

图 1-2 中 S 表示句子，N 表示名词，NP 表示名词短语，V 表示动词，VP 表示动词短语，D 表示限定词。结构解析树中的节点又可分为根节点、枝节点和叶节点。图 1-2 中，S 为根节点，VP 和 NP 是枝节点，而单词 Angela（N）、plays（V）、the（D）和 ball（N）都是叶节点。

依存解析树是根据依存语法（dependency grammar）生成的，树中的节点都是终节点。相比于结构解析树，依存解析树由于节点少，因此比较简单。图 1-3 展示了与图 1-2 相同句子的依存解析树。

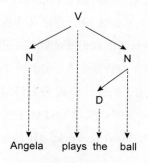

图 1-3　依存解析树的示例

可以看出依存解析树没有表示短语（例如 NP 和 VP）的节点，它主要表示各个单词之间的关系。但是，一棵完整的子树是一个成分（constituent）。例如，图 1-3 中"Angela"是主语名词，而"the ball"是宾语名词短语。与结构解析树一样，我们可以得到句子的所有成分信息。

4. 语义分析

语义分析是指理解文本的主题和意义等信息。常见的语义分析任务包括词义消歧（word sense disambiguation）和语义角色标注（semantic role labeling）。

词义消歧是指确定歧义词的词义。它需要根据歧义词的上下文来消歧。例如，"苹果"在不同的上下文中有不同的含义。在句子"乔布斯是苹果的创始人"中，"苹果"是指苹果公司；而在句子"小张今天吃了一个苹果"中，"苹果"指的是一种水果。Raganato 等人（Raganato et al., 2017）提出首先将词义消歧问题转换成一个文本序列学习问题，再利用神经网络的序列模型（例如 LSTM）来进行处理。

语义角色标注是指以句子的谓语为中心，研究句子中各个成分与谓语之间的关系，并用语义角色来描述它们之间的关系。在句子中，谓语（predicate）是对主语的陈述或说明，指出"做什么""是什么"或者"怎么样",它代表一个事件的核心。跟谓语搭配的名词称为论元。语义角色指的是论元在谓语所指的事件中担任的角色,主要角色有:施事者(agent)、受事者(patient)、客体(theme)、经历者(experiencer)、受益者(beneficiary)、工具(instrument)、地点(location)、目标(goal)和来源(source)等。以句子"小李昨晚在球场遇到了小韩"为例,"遇到"是谓语,"小李"是施事者,"小韩"是受事者,"昨晚"是时间,"球场"是地点。该句的语义角色标注结果是"小李/agent 昨晚/time 在球场/location 遇到了 小韩/patient"。传统语义角色标注方法一般先使用解析树发现句子成分与谓语的关系,再判断它们之间的关系类别。Zhou 和 Xu(Zhou and Xu, 2015)提出直接使用端到端的 LSTM + CRF 来处理语义角色标注问题,即使用 LSTM 生成原文本的表征作为输入,传给 CRF 对相邻谓语和论元依赖关系进行建模。该模型没有使用句子结构信息作为特征,而是直接使用原文本作为特征输入。在该模型的基础上,He 等人(He et al., 2017a)提出采用新的深度神经网络训练方法,来进一步提高 LSTM 的文本表征能力。Marcheggiani 和 Titov(Marcheggiani and Titov, 2017)同样使用 LSTM 来生成原文本的表征,并在该表征上进一步利用图卷积网络(graph convolutional network,GCN)编码句法结构信息来进行语义角色分类。

5. 信息提取

信息提取是指从无结构或者半结构化文本中抽取结构化信息。常见的信息提取任务包括命名实体识别(named entity recognition,NER)、关系抽取(relation extraction)和共指消解(coreference resolution)。

NER(Li et al., 2020)是指识别文本中具有特定意义的实体词,包括人名、地名、机构名称和专有名称等。例如,对于句子"领英的首席执行官罗斯兰斯基正式上任",NER 会提取出:机构名称"领英",人名"罗斯兰斯基",专有名词"首席执行官"。NER 任务一般被定义为文本序列标注问题,即输入文本被视作一个由词组成的序列,NER 将标注出词的实体标签。利用深度学习的 NER 模型一般先采用神经网络的序列模型(例如 LSTM)来生成原文本的表征,再输入 CRF 进行标签标注(Huang et al., 2015;Ma and Hovy, 2016;Lample et al., 2016;Chiu and Nichols, 2016)。

关系抽取是指在命名实体识别的基础上抽取实体之间的语义关系。例如,对于英文句子"LinkedIn is an American business and employment-oriented online service launched on May 5, 2003. Since December 2016, it has been a wholly owned subsidiary of Microsoft.",关系抽取可以得到关系三元组(LinkedIn, launched, May 5, 2003)和(LinkedIn, subsidiary, Microsoft)。关系的种类包括角色

关系、部分关系、地点关系等①，因此关系抽取可以视为一个多分类问题。Zeng 等人（Zeng et al., 2014）先使用卷积神经网络生成词特征和句子特征（例如词在句中的位置），再对给定的三元组进行关系分类。Miwa 等人（Miwa et al., 2016）提出同时进行实体识别和关系分类的方法，从而得到实体关系三元组。该模型先使用 LSTM 基于词序列信息进行实体识别，再利用一个基于依存解析树的 LSTM 子模型对句子的语法结构信息进行关系分类。两个模型共享参数。Zheng 等人（Zheng et al., 2017）提出了一个新的标注策略，使一个三元组可以通过标注来区分，这样就把 NER 和关系分类这两个任务变成了统一的文本序列标注任务，再通过基于 LSTM 的编码器-解码器（encoder-decoder）模型来解决。关系抽取一般需要大量标注数据，比较费时耗力，而通过简单的规则来自动生成标注［例如远程监督（distant supervision）方法］则会带来很多噪声数据。Lin 等人（Lin et al., 2016）提出可以利用神经网络的注意力机制，来减轻远程监督方法的错误标注数据对关系抽取任务的影响。

共指消解是指确定文本中的表述（或称为指称语）在真实世界中指向的实体。这里的实体是一个抽象概念，其具体体现是文本中的各种表述。表述主要有普通名词短语、专有名词和代词。例如，对于句子"李雷跟同事的关系很好，大家都叫他李哥。李哥是一名快递员，工作很努力，同时他也是一位好父亲"，"他"是代词，"李雷"是专有名词，"李哥"是别名，而"好父亲"是普通名词短语。这些不同的表述都指向真实世界中的实体"李雷"。Lee 等人（Lee et al., 2017）首次提出利用基于神经网络的端到端模型来解决共指消解问题。该模型先利用深层双向 LSTM 得到文本序列的表征，再通过表征判断文本序列是否为实体，并通过表征之间的相似度来判断文本序列之间是否存在共指关系。

6. 文本分类

文本分类是指根据预先定义的概念对输入文本（例如，新闻、微博和商品评论等）进行分类。深度学习是目前文本分类的主流方法（Minaee et al., 2020）。在传统机器学习中，文本分类一般分为两步：第一步是从文本中抽取特征，一般由人工设计得到，例如文本中某个单词出现的次数；第二步是将上述特征输入分类器中进行分类，常用的分类器包括朴素贝叶斯、SVM 和决策树等。传统机器学习方法的主要瓶颈在于模型需要人工设计特征，耗时费力。另外，由于不同领域间的特征差异，在一个领域训练好的模型很难应用到新的领域中。深度学习方法使用神经网络将输入文本映射到低维特征向量中，再通过多层非线性处理单元来进行特征提取和特征转

---

① 详见 LDC 官网，目录：/collaborations/past-projects/ace。

换，而无须人工设计很多特征。文本分类任务主要包括主题分析、文本蕴含和情感分析等。

- □ 主题分析（topic analysis）是指分析给定文本的主题。例如，给定一个新闻文本，主题分析需要确定新闻的类型，即是属于政治新闻、体育新闻还是娱乐新闻。
- □ 文本蕴含（text entailment）是指分析两个文本之间的推理关系。假设一个文本是前提 P（premise），另一个文本是假设 H（hypothesis），如果根据前提 P 能够推理得出假设 H，那么表示 P 蕴含 H。表 1-1 是一个文本蕴含的实例，表中的前提跟假设 1 是蕴含关系，跟假设 2 是冲突关系，跟假设 3 既不是蕴含关系也不是冲突关系，而是中性关系。文本蕴含问题可以视为一个三分类问题，它将两个文本之间的关系分类为蕴含、冲突和中性。

表 1-1   文本蕴含实例

	句　　子	关　　系
前提	"如果你帮助需要帮助的人，政府会奖励你"	
假设 1	"给穷人经济资助会有好的结果"	蕴含
假设 2	"给穷人经济资助没有结果"	冲突
假设 3	"给穷人经济资助会使你变成一个更好的人"	中性

- □ 情感分析（sentiment analysis）是指识别和提取人们对输入文本（例如商品评论）中提到的对象（例如商品）以及对象属性（例如商品的质量和价格）的主观态度，并且判断其为正面、负面还是中性。第 11 章会对情感分析做详细介绍。

1.3.4   自然语言生成的任务

NLG 的主要任务包括机器翻译（machine translation）、文本摘要（text summarization）、自动问答（question answering）和对话系统（dialog system）等。

1. 机器翻译

机器翻译是指计算机能实现不同自然语言（例如英文和中文）之间的自动翻译。早期的机器翻译系统为规则系统，根据语言学家编写的两种语言之间的转换规则进行翻译，但是语言学家无法总结语言之间的所有转换规则。针对规则系统的知识瓶颈问题，统计机器翻译方法被提出。在这种方法中，语言之间的转换是通过统计机器学习从大规模平行语料中自动学习得到的。但是，统计机器翻译方法面临以下问题。

- □ 统计机器翻译模型的特征一般是人工设计的，因此无法覆盖所有的语言现象。

❑ 统计机器翻译模型依赖很多预处理模块，例如词语对齐、规则抽取和句法分析等，而每个模块的错误可能会逐步累积，使得无法做到全局优化。

针对以上问题，基于深度学习的神经机器翻译提供了端到端的解决方案，这是目前机器翻译的主流方法。第 7 章会对机器翻译做详细介绍。

2. 文本摘要

文本摘要是指计算机能自动从原文本中提取出全面、准确表达中心内容的摘要。根据摘要产生的方式，文本摘要分为抽取式摘要（extractive summarization）和生成式摘要（abstractive summarization）。前者是从原文本中直接抽取单词或句子形成摘要；而后者类似于读者，先理解原文本内容，再生成摘要。第 8 章会对文本摘要做详细介绍。

3. 自动问答

自动问答是指计算机对给定的问题能自动给出具体的答案或者答案列表。自动问答本质上是一个智能信息检索过程。它需要首先理解给定的问题，然后构建合适的检索来给出精确的回答。第 9 章会对自动问答做详细介绍。

4. 对话系统

对话系统是指计算机能根据上下文与人进行多轮对话或执行特定任务。与自动问答不同，对话系统本质上是一个决策系统，它需要理解人在自然语言中表达的意图，并在对话过程中不断根据当前状态来决定下一步需要采用的最优动作。第 10 章会对对话系统做详细介绍。

1.3.5 自然语言处理面临的挑战

NLP 需要理解人类的自然语言。它当前面临的挑战包括以下几个方面。

❑ **语言歧义处理**。自然语言能通过有限的词汇表达复杂的语义，而且同一个词可能表达不同的意思。例如，"苹果"一词在不同上下文中可以指一种水果或者一个公司。

❑ **成语、术语和新词的处理**。处理成语需要了解语言和文化的背景知识，处理术语需要理解专业领域知识，而处理在互联网上不断出现的热门新词则需要了解自然语言在生活中不断演化的过程。

❑ **语言推理能力**。这主要体现在对话系统中。例如，在订机票的对话系统中，计算机询问旅客"请问您想订哪一天的机票？"，如果旅客回答"我想去北京开会，这个会从 12 月 18 号开到 12 月 20 号"，则对话系统需要根据对话上下文内容，推理出旅客想订 12 月 18 号之前去北京的机票。这种语言推理能力需要对话系统具备常识，即飞机航班必须在会议开始前到达目的地。

与英文相比，中文的 NLP 更具有挑战性，主要表现在以下几个方面。

❑ **词法分析**。比如，中文句子中不存在词的分隔符（如英文中的空格），这造成了分词较困难；中文缺乏一些词（如英文中的冠词），而这些词对语义理解有指引作用（例如，冠词后面通常会紧跟名词），这造成了词性标注较困难。

❑ **句法分析**。比如，英文为了表现句子中的承接、转折、从属和并列关系，在句子中大量使用连词、助词和介词来构成从句和分句等结构，使得句子解析和语义角色标注等任务相对容易。

❑ **语料库**。中文的语料库没有英文的丰富，有时需要借鉴英文语料库来进行语言建模。

1.4   自然语言处理与机器学习和深度学习

NLP 与机器学习和深度学习之间存在紧密的联系，大致如图 1-4 所示。

图 1-4   NLP 与机器学习和深度学习的关系图

深度学习是机器学习的子集，机器学习不仅包括深度学习，还包括其他学习方法，例如逻辑回归和 SVM 等。机器学习和 NLP 有交集，机器学习算法被应用在大量的 NLP 任务中。但是，NLP 还包括语言学的研究部分，比如自然语言的词法和句法研究等。本书将重点介绍深度学习在 NLP 中的应用。

第 2 章

深度学习基础

深度学习利用多层神经网络进行机器学习，而多层神经网络是由大量独立的信息处理单元（称为神经元）层层连接构成的。神经网络通过数据进行学习并调整神经元之间的连接权重，使其协同工作来处理任务。

2.1　前馈神经网络

根据网络拓扑的性质，神经网络可以分为前馈神经网络（feedforward neural network，FNN）和循环神经网络（recurrent neural network，RNN），前者是指信息只在网络中前向流动，而后者将信息在自身网络中循环传递。两者可以搭配使用。2.3 节将详细介绍 RNN。

一个简单的 FNN 示例如图 2-1 所示。它包含 3 层（layer），L_1、L_2 和 L_3。L_1 是输入层，它对应输入向量 (x_1, x_2, x_3) 和截距 +1。L_2 是隐藏层。L_3 是输出层，它对应输出向量 S_1。相对于整个神经网络的输出，隐藏层的输出是不可见的。L_1 中的一个点表示输入向量的一个元素，而 L_2 或 L_3 中的一个点则表示神经元。神经元是神经网络中最基本的信息处理单元，也称激活函数（activation function）。两个神经元的连接表示信息的流动，每个连接都有对应的权重来控制两个神经元之间的信号强弱。神经网络的学习就是通过调整神经元之间信号的强弱来实现的。神经元读取上层神经元的输出，处理信息，然后产生输出并将其传递到下一层。如图 2-1 所示，神经网络根据训练数据 $(x^{(i)}, y^{(i)})$ 来改变神经元之间的权重。经过训练以后，神经网络会得到一个复杂的假设函数 $h_{w,b}(x)$ 来表示数据。

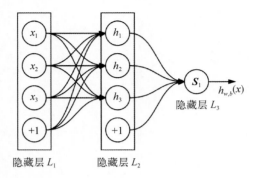

图 2-1　FNN

进入神经网络的隐藏层 L_2，我们可以看到 L_2 接收从 L_1 输入的 x_1，x_2，x_3 和截距 +1，根据激活函数 f 输出值 $f\left(\boldsymbol{W}^t x\right) = f\left(\sum_{i=1}^{3} \boldsymbol{W}_i x_i + b\right)$。$\boldsymbol{W}_i$ 是连接的权重；b 是截距；f 采用非线性函数，一般选择 sigmoid 函数、双曲正切函数（hyperbolic tangent function，tanh）或者线性整流函数（rectified linear function，ReLU）。它们的示意图如图 2-2 所示，其函数方程如下所示：

$$f\left(\boldsymbol{W}^t x\right) = \text{sigmoid}\left(\boldsymbol{W}^t x\right) = \frac{1}{1 + \exp(-\boldsymbol{W}^t x)} \tag{2-1}$$

$$f\left(\boldsymbol{W}^t x\right) = \tanh\left(\boldsymbol{W}^t x\right) = \frac{e^{\boldsymbol{W}^t x} - e^{-\boldsymbol{W}^t x}}{e^{\boldsymbol{W}^t x} + e^{-\boldsymbol{W}^t x}} \tag{2-2}$$

$$f\left(\boldsymbol{W}^t x\right) = \text{ReLU}\left(\boldsymbol{W}^t x\right) = \max(0, \ \boldsymbol{W}^t x) \tag{2-3}$$

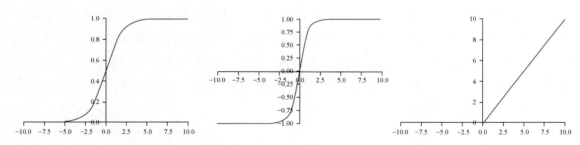

图 2-2　sigmoid 函数、tanh 函数和 ReLU 函数（从左到右）

如图 2-2 所示，sigmoid 函数可以将实数输入（x 轴）"压缩"到 0 到 1 的区间（y 轴）。sigmoid 函数曾在神经网络中作为神经元广泛使用，因为它可以很好地表示神经元的状态：0 表示关，1 表示开。但是近年来，sigmoid 函数的使用率逐渐下降，主要原因是它在函数尾端（0 或者 1）的梯度几乎为 0，导致在神经网络训练过程中信息流会被切断。另外，sigmoid 函数的输出值并不是以 0 为中心的，这使得在神经网络的训练过程中，网络参数的更新过程是"波动曲折"的，训练收敛速度慢。而相比于 sigmoid 函数，tanh 函数在实际任务中使用得更多，因为其输出是以 0 为中心的，区间范围是 [-1, 1] 而不是 [0, 1]。目前，ReLU 函数（Glorot et al., 2011a）作为神经元最受欢迎。它在输入小于 0 时，输出为 0。相比于 sigmoid 函数和 tanh 函数，ReLU 函数更容易计算，训练更容易收敛，适合用于训练深度神经网络。在神经网络中，它的表现与 tanh 函数相当，甚至更好。

神经网络的输出层 L_3 使用 softmax 函数作为输出神经元。它将 K 维任意实数值向量 X 变成新的 K 维向量 $\sigma(X)$，新向量的元素值在区间 $(0, 1)$ 中，数值和为 1。softmax 函数方程如式(2-4)所示：

$$\sigma(X)_j = \frac{e^{x_j}}{\sum_{k=1}^{K} e^{x_k}} \qquad j = 1, \cdots, k \qquad (2-4)$$

softmax 函数一般用在 FNN 的最后一层，作为输出的最后分类。

图 2-1 中 FNN 的参数（W, b）包括（$w^{(1)}$，$b^{(1)}$，$w^{(2)}$，$b^{(2)}$），这里 $W_{ij}^{(l)}$ 表示 l 层神经元 j 和 $l+1$ 层神经元 i 之间的连接权重，$b_i^{(l)}$ 是对应于 $l+1$ 层神经元 i 的偏差。

为了训练神经网络，我们一般使用反向传播的随机梯度下降（stochastic gradient descent, SGD）方法来最小化输出值的交叉熵（cross-entropy）。它也被称为 softmax 函数输出的损失函数（loss function）。反向传播首先计算针对最后的隐藏层到输出层的权重梯度，接着利用反向的链式法则，不断计算前一层针对权重的梯度，来调整不同网络层神经元之间的权重。整个神经网络训练是一个不断细化调整的过程，直到满足特定的停止条件（例如权重不再更新），整个训练过程才结束。使用 SGD 训练图 2-1 所示 FNN 的伪代码如下所示。

神经网络训练算法：反向传播的随机梯度下降

使用随机值初始化神经网络 N 的连接权重 W 和截距 b

do

    for 每个训练样本 (x_i, y_i)

        p_i = 神经网络预测 (N, x_i)

        针对 L_3 层的 w^2，计算损失函数 (p_i, y_i) 的梯度

        根据隐藏层 L_2 到输出层 L_3 的所有连接权重，得到 Δw^2

        根据链式法则，针对在 L_2 层的 w^1，计算梯度

        根据输入层 L_1 到隐藏层 L_2 的所有连接权重，得到 Δw^1

        根据 Δw^1 和 Δw^2 更新 (w^1, w^2)

  until 所有训练样本被正确分类或者达到预设的训练停止标准

  return 训练好的神经网络

以上算法可以拓展到训练多层 FNN。SGD 每次迭代都使用一个训练样本来更新神经网络参数，参数估计会出现高方差，导致损失函数的值出现较大波动。但相比于每次迭代利用所有训练样本的批量梯度下降（batch gradient descent，BGD）法，SGD 更容易发现好的局部参数最优值。在拥有大量训练样本的深度学习任务中，为了提高模型的训练速度，我们一般会结合 SGD 和 BGD 的优点，使用小批量梯度下降（mini-batch gradient descent）方法，即每次迭代使用多个训练样本来进行计算。

2.2　卷积神经网络

卷积神经网络（convolutional neural network，CNN）是一种特殊的 FNN，最开始应用于图像处理任务中。它的设计思想受到动物视觉皮层工作原理的启发。动物视觉皮层包含特殊的神经细胞来检测被观察物体局部上的光线。这些面积小且重叠的区域被称为神经细胞的感受野。这种神经细胞起到了针对物体图像的局部过滤器的作用。CNN 一般包含多个卷积层，而每一个卷积层都起到了上述神经细胞的作用。

图 2-3 展示了一个用于交通标识分类的 CNN 模型（Sermanet and LeCun, 2011）。该模型主要由 4 个模块组成：输入模块（input）、第一卷积层（1st stage）、第二卷积层（2nd stage）和分类器（classifier）。

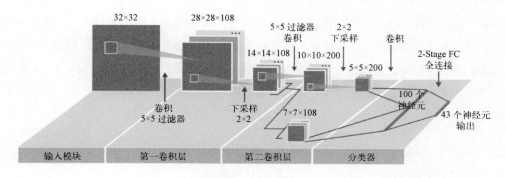

图 2-3 CNN 模型

该模型的输入是 32×32×1 交通标识图像，32×32 表示输入图像的宽度和高度，而 1 表示输入图像的信道。第一卷积层首先进行卷积操作，即过滤器对输入图像进行扫描处理。输入图像中被过滤器投射的区域（图 2-3 中图像上的小方框）为感受野。第一卷积层的过滤器是一个维度为 5×5 的二维数组。当过滤器扫描图像时，过滤器（5×5）与图像（32×32）的对应数组元素相乘。将这些乘积相加，最后得到一个值，该值再经过激活函数（例如 ReLU 函数）的非线性变换就得到了该感受野的值。当过滤器完成卷积操作后，我们会得到一个被称为激活图（activation map）的二维数组（28×28）。CNN 一般采用不同的过滤器来进行卷积操作。图 2-3 中的第一卷积层一共使用了 108 个不同的二维过滤器，得到了 108 个层叠的激活图。每一个激活图实际上都是图像的一个特征。

图 2-4 是一个二维过滤器（5×5）在二维图像（32×32）上的卷积操作示意图。过滤器与图像右下角的感受野（5×5 矩阵）进行卷积操作，得到特征（矩阵）右下角的值"8"。

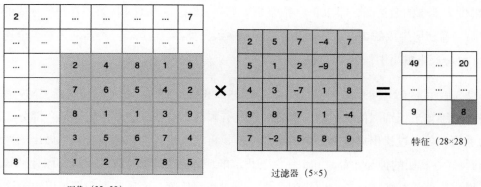

图 2-4 过滤器（5×5）在图像（32×32）上的卷积操作示例

在第一卷积层中，CNN 还要对激活图进行下采样（subsampling）。下采样又称池化（pooling），用来提高图像表征的稳健性（例如缓解图像平移和变形的影响）。下采样还可以减少 CNN 参数的数量，从而降低模型的计算复杂度。在进行下采样后，激活图的维度减少至 14×14。需要指出的是，尽管每个激活图的维度都变小了，但是下采样依然保留了图像最重要的信息。常用的下采样方法包括：

❑ 最大池化（max pooling）——选择采样数组中的最大值；

❑ 平均池化（average pooling）——选择采样数组中的平均值。

图 2-5 是一个最大池化的示例。对激活图（特征）右下角矩阵（2×2）进行最大池化，得到最大池化后的特征（矩阵）右下角的值 "66"。

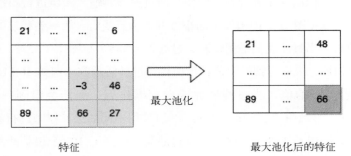

图 2-5　最大池化示例

下一步，第一卷积层的输出成为第二卷积层的输入，其中 200 个三维过滤器被使用，其维度为 5×5×108。108 是第一卷积层的输出信道大小。CNN 在卷积操作后又进行下采样，最后得到了200 个维度为 5×5 的激活图，即 200 个新的图像特征。接下来，CNN 将第一卷积层生成的 108 个特征和第二卷积层生成的 200 个特征结合在一起输入分类器。最后，分类器使用一个全连接层和一个 softmax 层来输出图像分类结果。

图 2-3 展示了 CNN 的两个主要特性：局部感知和权重共享。局部感知是指 CNN 通过模拟动物的视觉感知来识别图像。动物的视野一般是有限的，每次只能看到物体的一部分。神经科学认为动物一般通过找出局部视野中的主要特征，再将大量局部信息组合起来做出图像识别。CNN 的每级卷积层的神经元都只和上一级卷积层的局部感受野相连来实现局部图像感知。低层卷积层提取局部初级特征，比如图像的边缘、曲线和颜色等。而后续卷积层可以组合这些初级特征得到高级特征。相对于传统的前馈神经网络的全连接（每个神经元都与上一层的全部节点

相连），局部感知显著减少了神经网络参数的数量。

权重共享是指过滤器在图像上扫描时，输入数据在变化，而卷积核的权重不变，即用同一个过滤器逐步扫描整张图像。权重共享使共享同一组权重的神经元在输入的不同位置检测同一种特征，即每个卷积核提取一种特征，不同的卷积核提取不同的特征。权重共享机制大幅减少了模型需要训练的权重，提高了训练速度，同时在一定程度上避免了过拟合。

CNN 的以上特性也适用于一些 NLP 任务。例如，在主题分析任务中，我们希望找到显著的局部信号来判断文本主题，比如某些决定文本主题的关键词。但是这些局部信号可能分布在输入文本的不同位置。CNN 的卷积和采样操作能捕捉到那些重要的局部信号，而不需要关心它们在文本中出现的位置。

Kim（Kim, 2014）首先提出使用 CNN 进行文本分类，其架构如图 2-6 所示。模型的输入是一个 $n \times k$ 的矩阵（n 表示输入的单词数，k 表示输入单词的词向量维度），即矩阵的每一行表示一个英文单词（例如"what"和"for"）。CNN 使用不同的过滤器得到多个激活图，然后 CNN 对激活图进行最大池化，并输入一个全连接层来进行文本分类。Kalchbrenner 等人（Kalchbrenner et al., 2014）也使用了相似的 CNN 架构来得到输入句子表征，然后再进行文本分类。

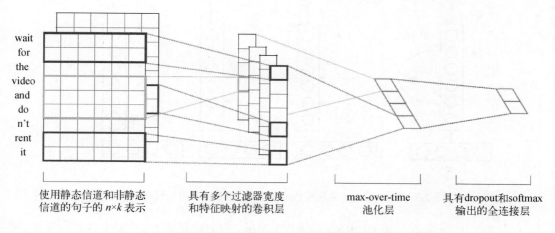

使用静态信道和非静态信道的句子的 $n \times k$ 表示　　具有多个过滤器宽度和特征映射的卷积层　　max-over-time 池化层　　具有 dropout 和 softmax 输出的全连接层

图 2-6　使用 CNN 进行文本分类［图片来自（Kim, 2014）］

Zhang 等人（Zhang et al., 2015）将 CNN 应用于文本字符输入来进行文本分类。模型的输入是连续字符流，每个输入字符由一个维度为 70 的独热向量表示，70 是字符表的大小。字符表包含 26 个英文字母、10 个数字、33 个特殊字符和一个换行符。不在字符表中的输入符号都被转化为维度为 70 的全零向量。输入字符流的最大长度为 1014。Zhang 等人的实验结果表明：CNN 不需要理解文本的单词语义和句法结构，也能在文本分类任务中取得较好的结果。

2.3   循环神经网络

循环神经网络（recurrent neural network，RNN）不同于 FNN 架构，其神经元的连接形成了有向循环。RNN 被广泛用于处理序列数据的任务中。这里的序列数据是指相互依赖的顺序数据流，如时间序列数据等。RNN 利用神经元的"记忆"能力来处理序列输入。"记忆"能力是指RNN 对序列输入上的每一个元素采取同样的操作，而且每个阶段的输出依赖以前所有的计算，就像"记住"了到目前为止的所有序列信息。

图 2-7 是一个 RNN 示例，左图是没有展开的 RNN，而右图是展开了的带有 3 个时间序列的同一个 RNN。时间序列的长度由输入序列的长度决定。例如，文本的词序列可以视为一个时间序列，如果输入的词序列包含 6 个词，则 RNN 会被展开为 6 个时间序列，每一个时间步对应一个词。

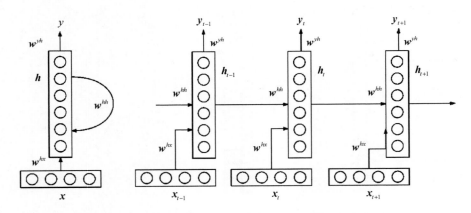

图 2-7   RNN 示例，左图是没有展开的 RNN，右图是展开的 RNN

在图 2-7 中，h_t 是时间步 t 的 RNN 隐藏状态向量，它的计算基于上个隐藏状态向量 h_{t-1} 和当前时间步 t 的输入向量 x_t，如式(2-5)所示：

$$h_t = f(w^{hh} h_{t-1} + w^{hx} x_t) \tag{2-5}$$

在式(2-5)中，激活函数 f 一般是 tanh 函数或者 ReLU 函数，w^{hx} 是输入 x_t 的权重矩阵，w^{hh} 是前一个隐藏状态向量 h_{t-1} 的权重矩阵。y_t 是时间步 t 所有可能输出值的概率分布输出。如果模型的目标是预测句子中的下一个词，则 y_t 是一个包含词典中所有单词输出概率的向量。

$$y_t = \mathrm{softmax}(w^{yh}h_t) \tag{2-6}$$

隐藏状态向量 h_t 被视为 RNN 的"记忆"单元，因为它记住了所有以前时间步产生的信息。根据式(2-5)和式(2-6)，y_t 的计算仅基于时间步 $t-1$ 的隐藏状态向量 h_{t-1} 和当前时间步的输入 x_t。在这种情况下，RNN 在所有的时间步都使用同样的参数（w^{hx}, w^{hh}, w^{yh}），即 RNN 在每个时间步都采用同样的操作，而仅在每个时间步的输入不同。RNN 的这种参数共享方式不同于 FNN 在每一层使用不同的参数，它不但大大减少了 RNN 需要学习的参数数量，而且能够泛化 RNN，使其在实际应用中能处理在训练数据中从未出现过的序列长度。

理论上，RNN 可以处理任意长度的序列输入。但在实际应用中，标准 RNN 受到梯度消失（vanishing gradient）和梯度爆炸（exploding gradient）问题的限制，只能记忆有限的时间步。这就造成了 RNN 比较难解决 NLP 中常见的长程依赖（long-term dependency）问题。它是指当前时间步的信息受到较远时间步信息的影响。

在标准 RNN 的基础上，人们构建出了更加复杂的 RNN 架构，包括双向 RNN（bidirectional RNN）和深度双向 RNN（deep bidirectional RNN）。双向 RNN 认为每个时间步的输出不仅取决于输入序列中的前一个元素，也取决于输入序列中的下一个元素。例如，在判断一个文本序列中是否缺少一个词的时候，我们经常需要查看该词的上下文。一个双向 RNN 由两个 RNN 堆叠而成，一个处理输入的正常序列，一个处理输入的反向序列。双向 RNN 的隐藏状态是两个 RNN 的隐藏状态的级联。深度双向 RNN 与双向 RNN 类似，主要区别在于深度双向 RNN 在每一个时间步有多层网络，学习能力更强。因为深度双向 RNN 的参数更多，所以通常需要更多的训练数据。图 2-8 分别展示了双向 RNN 和深度双向 RNN。

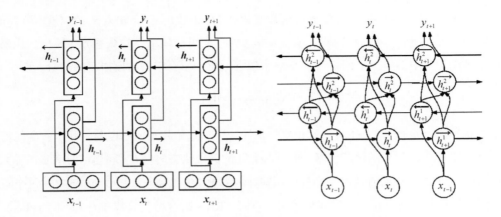

图 2-8   双向 RNN（左图）和深度双向 RNN（右图）

2.4   长短期记忆网络

长短期记忆（long short term memory，LSTM）网络（Hochreiter and Schmidhuber, 1997）是一种特殊的 RNN。它可以改善标准 RNN 遇到的梯度消失和长程依赖问题。相比于标准 RNN，LSTM 的循环处理单元更复杂，它由交互的 4 层模块组成。此外，LSTM 有两个状态：隐藏状态（hidden state）和单元状态（cell state）。图 2-9 展示了 LSTM 架构以及其中循环处理单元的具体构造。

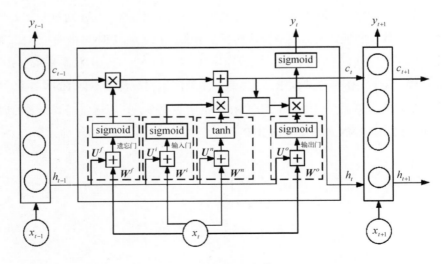

图 2-9   LSTM 架构

在时间步 t，LSTM 首先决定哪些信息需要从单元状态 c_t 丢弃。是否丢弃信息由一个模块 σ（sigmoid 函数）决定，它被称为遗忘门（forget gate）。模块 σ 的输入是前一个处理单元的隐藏状态 h_{t-1} 和当前处理单元的输入 x_t，输出是一个在区间 $[0, 1]$ 中的值，值 1 表示"完全保留"信息，0 表示"完全丢弃"信息。遗忘门如式(2-7)所示：

$$f_t = \sigma(\boldsymbol{W}^f x_t + \boldsymbol{U}^f h_{t-1}) \tag{2-7}$$

然后，LSTM 决定哪些信息需要存储在单元状态。这个处理过程由两步组成。第一步是通过模块 ρ（sigmoid 函数）决定 LSTM 如何更新单元状态值，该模块被称为输入门（input gate），如式(2-8)所示。第二步，一个 tanh 函数生成了一个新候选值 $\widetilde{C_T}$，表示加入当前单元状态的候选值，如式(2-9)所示：

$$i_t = \rho(\boldsymbol{W}^i x_t + \boldsymbol{U}^i h_{t-1}) \tag{2-8}$$

$$\widetilde{C_T} = \tanh(\boldsymbol{W}^n x_t + \boldsymbol{U}^n h_{t-1}) \tag{2-9}$$

LSTM 根据以上两步，把旧的单元状态 C_{t-1} 更新到新的单元状态 C_t，如式(2-10)所示。注意，遗忘门 f_t 能控制经过的梯度并且允许删除和更新"记忆"，这样有利于缓解梯度消失的问题。

$$C_t = f_t \times C_{t-1} + i_t \times \widetilde{C_T} \tag{2-10}$$

LSTM 基于当前的单位状态决定输出。它首先经过一个 τ 模块（sigmoid 函数）来决定哪些单元状态值会被输出，该模块被称为输出门（output gate）。接下来，LSTM 新的单元状态 C_t 经过 tanh 函数并且与输出门的结果相乘，得到当前单元的隐藏状态，公式如下所示：

$$O_t = \tau(\boldsymbol{W}^O x_t + \boldsymbol{U}^O h_{t-1}) \tag{2-11}$$

$$h_t = O_t \times \tanh(C_t) \tag{2-12}$$

LSTM 的一个变种是门控循环单元（gated recurrent unit，GRU）（Cho et al., 2014）。它的遗忘门和输入门被合并成一个更新门，并且单元状态和隐藏状态也被合并了。GRU 比 LSTM 结构简单，在实际应用中更受欢迎。

Tai 等人（Tai et al., 2015）提出了树结构 LSTM。它与标准链式结构 LSTM 的架构比较如图 2-10 所示。他们认为树结构 LSTM 比链式结构 LSTM 能从文本中学到更丰富的语义信息，因为树结构包含更多的语法结构信息。Tai 等人的实验结果表明，树结构 LSTM 在情感分析任务和句子语义相关性预测任务上的表现不错。

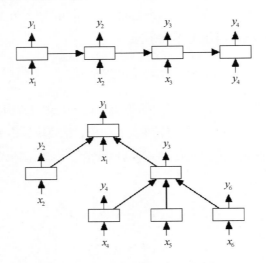

图 2-10　链式结构 LSTM（上图）和树结构 LSTM（下图）

Dieng 等人（Dieng et al., 2017）将主题模型（topic model）和序列模型结合在一起，提出了 TopicRNN 模型。TopicRNN 中的序列模型用来抓取局部文本的结构依赖，而主题模型用来抓取全局文本的结构依赖。Dieng 等人的实验结果表明，TopicRNN 在情感分析任务上的表现强于标准的 RNN 模型。

2.5　记忆网络和神经图灵机

记忆网络（memory network，MemNN）（Weston et al., 2015）是指神经网络利用外部可读写的记忆模块（Memory 模块）解决推理问题的深度学习算法。MemNN 的记忆模块与 RNN 的记忆单元不同，后者的记忆单元使用重复处理模块中的隐藏状态来存储和更新信息，容量较小。在处理序列数据时，RNN 会不断"压缩"信息到记忆单元中，这个"压缩"过程容易损失有用信息。而 MemNN 将所有的信息存储在一个较大的外部可读写记忆模块中，可以最大限度地保存有用信息。

MemNN 的架构如图 2-11 所示，它由 5 个主要模块组成：Input 模块对输入文本进行处理，将文本变成特征向量表示；Generalization 模块根据 Input 模块的输入更新 Memory 模块；Output

模块读取 Memory 模块，生成特征向量；Response 模块读取 Output 模块的特征向量，推理出输出值。每个模块由一个神经网络实现。

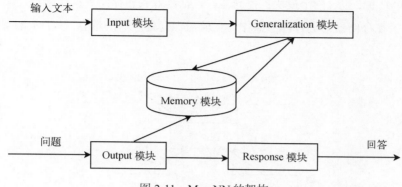

图 2-11 MemNN 的架构

MemNN 被应用在 NLP 的自动问答任务中。给定事实文本和问题，自动问答系统就会根据问题分析事实文本并从中找出答案，表 2-1 是一个自动问答任务的实例[①]。

表 2-1 自动问答实例

事实文本	Sam walks into the kitchen.
	Sam picks up an apple.
	Sam walks into the bedroom.
	Sam drops the apple.
问题	Where is the apple ?
期望的回答	Bedroom

MemNN 的推理过程如下。首先，MemNN 读取事实文本，Input 模块一次读取事实文本中的一个句子，将该句子编码成嵌入向量表示。然后，Generalization 模块根据该嵌入向量，存储和更新 Memory 模块中的一条记忆。当所有的事实文本句子处理完毕后，一个记忆矩阵（矩阵每一行向量表示一个句子）生成了，它代表被存储的文本的语义。随后，MemNN 将提出的问题也编码成嵌入向量表示。接着，Output 模块根据问题的嵌入向量在记忆矩阵中选出相关事实句子的嵌入向量（也称支持句，一般是两个）来生成输出向量。最后，Response 模块根据输出向量生成最后的回答文字。值得注意的是，对 MemNN 的训练，我们除了提供事实文本、问题和答案，还需要提供支持句的标注。

① 数据来自 Facebook 的 bAbI 任务。

神经图灵机（neural Turing machine，NTM）（Graves et al., 2014）也是神经网络利用记忆模块进行推理的深度学习算法。与 MemNN 一样，它也拥有外部存储模块，类似于传统图灵机的磁带功能。NTM 主要包含两个模块：控制器，包括读取头和存储头；存储器。NTM 利用神经网络控制操作头在存储器上进行读写操作，存储器保存处理后的信息。NTM 的架构如图 2-12 所示。

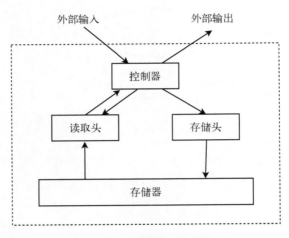

图 2-12　NTM 的架构

NTM 在神经网络中使用控制器操作外部存储器的方法启发了一些新的算法被应用到 NLP 任务中。Wang 等人（Wang et al., 2016b）提出了 MemDec，用于机器翻译任务，它实际上是 NTM 的一个变种。Madotto 等人（Madotto et al., 2018）提出了 Mem2Seq，该模型也利用了 NTM 的基本思想，并将其应用在对话系统中。

NTM 和 MemNN 的一些变种模型使用了神经网络的注意力机制来操作外部存储器。第 4 章会详细介绍注意力机制。

2.6　图神经网络

许多机器学习任务需要处理图数据，例如社交网络分析和知识图谱建立等。图神经网络（graph neural network，GNN）（Kipf et al., 2017；Hamilton et al., 2017；Hamilton, 2020）作为一个研究图数据的深度学习算法，越来越受到重视。它的主要思想是通过神经网络，根据图的结构特征（例如节点表征和边表征）生成图节点或者整个图的表征。类似于 CNN 对应网格数据

（例如图片）和 RNN 对应序列数据（例如文本），GNN 是适合在图数据上使用的深度学习算法。

图 2-13 展示了 GNN 的应用。目标任务由节点 {A,B,…,F} 及其之间的边形成的图来表示。节点一般是目标任务中的实体，边是实体之间的关系。例如，在社交网络分析中，节点表示人，而边表示人与人之间的关系。各个节点的初始表征经过 GNN 运算以后，产生新的表征，然后这些新的表征会被应用到目标任务中。基于图的学习任务一般分为基于节点的任务（如节点分类）和基于图的任务（如图分类）。前者学习各个节点的表征，而后者将学习到的节点表征作为中间状态，来学习子图或整个图的表征。

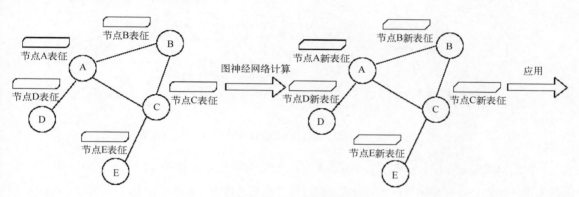

图 2-13 GNN 的应用

GNN 的计算过程可以视为图节点的信息传递过程（Glimer et al., 2017），即图中各个节点之间通过神经网络互相交换和更新本身的表征。我们定义图为 $\mathcal{G} = (\mathcal{V}, \mathcal{E})$，这里 $\mathcal{V}$ 和 $\mathcal{E}$ 分别表示节点和边。图中允许自身闭环存在，即 $(\upsilon,\upsilon) \in \mathcal{E}$。我们定义节点的特征矩阵为 $\boldsymbol{X} \in \mathbb{R}^{m \times |\mathcal{V}|}$，其中每一列 $x_\upsilon \in \mathbb{R}^m$（$\upsilon \in \mathcal{V}$）表示一个节点的表征。通过 GNN，我们生成每个节点的嵌入表征 n_μ，$\forall \mu \in \mathcal{V}$。

GNN 在每一次信息传递过程中，图中每个节点 μ（$\mu \in \mathcal{V}$）的隐藏嵌入 $h_\mu^{(k)}$ 会根据节点 μ 的所有邻居 $\mathcal{N}(\mu)$ 的聚合来进行更新。GNN 的第 k 次信息传递可以定义如下：

$$
\begin{aligned}
h_u^{(k)} &= \text{UPDATE}^{(k)}\left(h_u^{(k-1)}, \text{AGGREGATE}^{(k-1)}\left(\left\{h_v^{(k-1)}, \forall v \in \mathcal{N}(\mu)\right\}\right)\right) \\
&= \text{UPDATE}^{(k)}\left(h_u^{(k-1)}, m_{\mathcal{N}(\mu)}^{(k)}\right)
\end{aligned}
\tag{2-13}
$$

式(2-13)中，UPDATE 和 AGGREGATE 代表任意可微分的函数，$m_{\mathcal{N}(\mu)}$ 表示从节点 μ 的所有邻居

$\mathcal{N}(\mu)$ 聚合得到的信息。聚合过程（AGGREGATE）如图 2-14 所示。更新过程（UPDATE）会使用当前邻居节点的聚合信息和节点上一次的嵌入来进行更新。经过 K 次信息传递后，我们会得到每个节点最终的嵌入表征（也可理解为神经网络最后一层的输出）。

$$n_\mu = h_u^{(K)}, \forall u \in \mathcal{V} \tag{2-14}$$

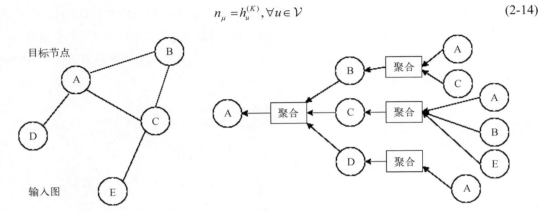

图 2-14   图神经网络中节点信息的聚合过程（节点 A 是目标节点）

图 2-14 中，经过第一次信息传递（ $K=1$ ），图中每个节点的嵌入包含了它一阶相邻节点（即图中一步能到达的相邻节点）的表征；经过第二次信息传递（ $K=2$ ），每个节点的嵌入包含了它的二阶相邻节点的表征；类似地，经过 K 次信息传递以后，每个节点的嵌入包含了它的 K 阶相邻节点的表征。传递的信息一般包含两方面关于图的信息。

- 图的结构信息。经过 K 次信息传递以后， $h_u^{(K)}$ 包含了节点 u 的所有 K 阶相邻节点的度信息。这些度信息能表征图的结构。
- 图节点的特征信息。 $h_u^{(K)}$ 包含了节点 u 的所有 K 阶相邻节点的特征信息。这种邻近特征聚合的特点与 CNN 类似。CNN 主要作用在图片空间邻近像素上，而 GNN 主要聚合图中邻近节点的信息。

根据式(2-13)，GNN 的信息传递过程可以由式(2-15)表示：

$$h_u^{(K)} = \sigma \left(W_{\text{self}}^{(k)} h_u^{(k-1)} + W_{\text{neighbor}}^{(k)} \sum_{v \in \mathcal{N}(\mu)} h_v^{(k-1)} + b^{(k)} \right) \tag{2-15}$$

这里， $W_{\text{self}}^{(k)}$ 和 $W_{\text{neighbor}}^{(k)} \in \mathbb{R}^{d^{(k)} \times d^{(k-1)}}$ 是可训练的参数矩阵， σ 是激活函数， $b^{(k)}$ 是偏置。上述式子包含了聚合和更新两大过程。图中所有节点新表征的计算都是同步进行的，即图中每个节点表征的更新是同时进行的。

GNN 正被逐渐应用于 NLP 任务中。Yao 等人（Yao et al., 2019）提出 Text GCN 模型来处理文本分类任务。它利用文本和文本中词之间的关系来判断文本的类别。Text GCN 模型如图 2-15 所示。

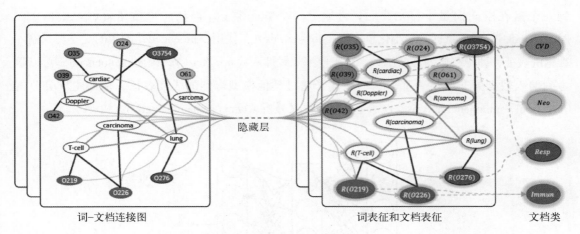

图 2-15　Text GCN 模型［图片来自（Yao et al., 2019）］

图 2-15 中左边是词-文档连接图（word document graph），以字母"O"开头的节点是文档节点，而其他节点是单词节点（例如，"cardiac"和"Doppler"等）。模型将文档-文档、文档-词以及词-词连接在一起。图 2-15 中右边是 Text GCN 模型通过 GNN 生成每个节点的表征 $R()$，包括词表征和文档表征（word document representation）。Text GCN 模型最终通过文档表征对文档进行分类，得到文档类（document class），如"CVD"和"Neo"等。

2.7　深度生成模型

深度生成模型（deep generative model）是指利用神经网络学习训练数据的概率密度而后随机生成样本的模型（例如图像生成和文本生成）。相比于传统的机器学习算法，神经网络的学习能力更强，更适用于生成模型。本节介绍两个重要的深度生成模型：变分自编码器和生成对抗网络。

2.7.1　自编码器和变分自编码器

在介绍变分自编码器之前，我们先介绍自编码器（Autoencoder），它是变分自编码器的基础。Autoencoder 是一种使输出值接近输入值的神经网络模型。图 2-16 展示了 Autoencoder 的基本架构。对输入向量 $x \in [0,1]^d$，Autoencoder 首先通过一个编码器 $h(\cdot)$（例如 sigmoid 函数）将其映射到一个潜在空间向量 $y \in [0,1]^{d'}$。y 再通过一个解码器 $g(\cdot)$ 得到向量重建 $r(x) = g(h(x))$。Autoencoder 的训练目标是最小化重建损失 $\mathrm{loss}(x, r(x))$。使用 Autoencoder 的目的是学习到输入数据的表征，即隐藏层的激活函数。由于使用非线性函数 $h(\cdot)$ 和 $g(\cdot)$，因此 Autoencoder 可以学习到输入数据的非线性表征。它一般优于通过其他模型得到的线性表征，例如主成分分析（principal component analysis，PCA）和潜在语义分析（latent semantic analysis，LSA）等。

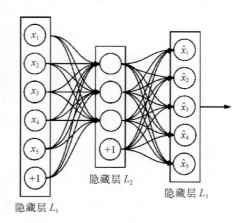

图 2-16　Autoencoder 的基本架构

我们可以堆叠 Autoencoder，高层的 Autoencoder 使用低层 Autoencoder 的输出作为输入。使用层叠的 Autoencoder 和受限玻尔兹曼机是训练深度神经网络的最初方法。当层叠的 Autoencoder 以无监督方式被训练，其参数表示输入向量 x 的表征。该参数可以用作深度神经网络的初始化参数，比使用随机参数初始化深度神经网络的效果要好。

降噪自编码器（denoising autoencoder）是自编码器的一个拓展。它的输入向量 x 被随机扰动成为 $\tilde{x}$，模型训练目标被设定为降噪，即最小化重建损失 $\mathrm{loss}(x, r(\tilde{x}))$。使用降噪自编码器的目的是学习更稳健的输入数据表征。一个具有稳健性的自编码模型能在噪声存在的情况下，更好地重建输入。例如，从文档中增加或删减一些词并不会改变文档的语义，我们依然能通过语义大致重建原文档。

变分自编码器（variational autoencoder，VAE）（Kingma and Welling, 2013）是一种深度生成模型。与 Autoencoder 学习潜在空间的方法不同，VAE 通过概率方法来学习潜在空间。它学习到的潜在空间具有两个重要特征：连续和高度结构化。

相比于 VAE，Autoencoder 学习到的潜在空间无法用于数据生成。以图像还原为例，Autoencoder 的编码器首先将输入图像数据转换成一个潜在空间向量 y。y 的每个维度都表示图像数据的一个隐含特征，每个维度的值是固定的，然后 Autoencoder 的解码器通过 y 重建最初的图像输入。图 2-17 是 Autoencoder 在 MINST 图像数据集[①]上的一个学习示例。它学习到一个维度为 2 的潜在空间，即每一幅输入手写数字图像都对应一个二维潜在空间向量。图 2-17 中，输入图像"6"通过 Autoencoder 的编码器得到向量(3.0, 2.6)。Autoencoder 可以通过该向量重建输入图像。但是，我们无法使用 Autoencoder 学习到的潜在空间来生成新的图像。也就是说，随机给定一个潜在空间中的向量（例如(2.9, 2.5)），我们不能利用 Autoencoder 的解码器生成一幅新的并且合理的数字图像。这是因为 Autoencoder 生成的潜在空间是不连续的。

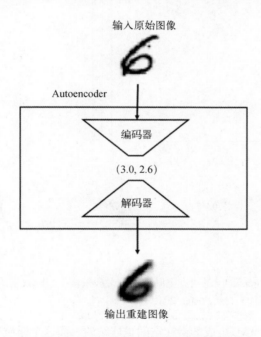

图 2-17　Autoencoder 生成的潜在空间向量

---

① MINST 数据集是一个手写数字数据集。

图 2-18 显示了一个 Autoencoder 在 MINST 数据集上训练后得到的潜在空间，一个点表示一幅数字图像，不同颜色的点表示不同的数字图像（从 0 到 9）。从图 2-18 中可以看出，Autoencoder 生成的潜在空间有如下特点。

- 不同颜色的点没有以原点(0, 0)对称分布，大部分点的潜在向量值为负。
- 分布很不平均，有些颜色的点集中在较小的区域，而有些颜色的点分布的区域较大。
- 不同颜色的点之间的空隙比较大。当我们利用该潜在空间采样新的向量来生成数字图像时，就会出现问题。特别是当我们的采样向量出现在不同颜色的点之间的空隙时，Autoencoder 的解码器不知道如何处理。例如，图 2-18 中有 3 个点，其中两个点的采样位置在空间空白处或不同颜色的点的空隙处，这两个点生成的图像并不像任何一个数字。

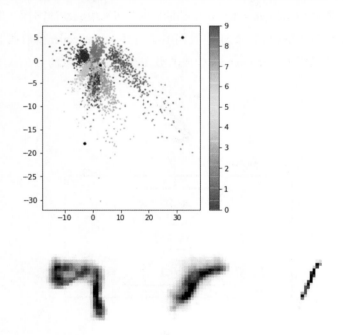

图 2-18　Autoencoder 的潜在空间（上图）和采样生成的数字图像（下图）
［图片来自（Foster, 2019）］

相比于 Autoencoder，VAE 生成的潜在空间是连续的，而这个性质有助于数据生成。在连续的潜在空间中通过随机采样和插值生成的图像会比较合理。与 Autoencoder 不同，VAE 并不是将一幅输入图像转换成潜在空间的一个固定向量，而是将其变成一个正态分布的参数组，其包含两个值：平均值 μ 和方差 σ^2。它们在处理数字图像 "6" 时的区别如图 2-19 所示。

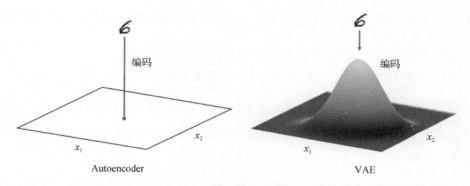

图 2-19　Autoencoder 的编码器（左）和 VAE 的编码器（右）处理数字图像 "6" 的区别

图 2-19 中，Autoencoder 将数字图像 "6" 编码为潜在空间向量 $(-2.0, -0.5)$。而 VAE 首先将数字图像 "6" 编码为两个潜在空间向量 $(0.3, 0.7)$ 和 $(0.1, 0.2)$，它们表示一个多元正态分布 $N : \mu = \begin{pmatrix} 0.3 \\ 0.7 \end{pmatrix}$ 和 $\Sigma = \begin{pmatrix} 0.1^2 & 0 \\ 0 & 0.2^2 \end{pmatrix}$。值得注意的是，VAE 假设 N 在潜在空间中的不同维度是不相关的，所以 Σ 是一个对角矩阵。得到平均值和方差后，VAE 再通过式(2-16)进行采样：

$$z = \mu + \sigma \times \epsilon \tag{2-16}$$

其中，ϵ 是从一个标准正态分布中得到的采样值。这种采样方式使用了重参数化（reparameterization）技巧，如果 z 是直接随机采样，那么我们无法使用反向传播算法计算参数，而通过式(2-16)来采样，我们就可以计算 μ 和 σ，而不必计算 ϵ 值（Kingma and Welling, 2013）。这样我们通过多元正态分布 N 得到了潜在空间的一个采样向量 $z = (0.32, 0.72)$。VAE 的解码器会试图将 z 解码成原数字图像。通过多次训练，VAE 就会得到由一个多元正态分布表示的连续潜在空间。由于潜在空间是连续的，因此每个采样向量都会被解码成一幅合理的数字图像，并且两个在潜在空间中相近的向量解码生成的数字图像也会比较类似。

VAE 使用与 Autoencoder 类似的解码器来还原图像，但两者在训练中使用的损失函数不同。Autoencoder 使用均方根误差（root mean square error，RMSE）作为损失函数，而 VAE 除了使用 RMSE 以外，还使用了相对熵（relative entropy）——或称为 KL 散度（Kullback-Leibler divergence，KLD），作为损失函数的一部分。我们使用 KLD 来衡量潜在空间的正态分布和标准正态分布的差异度，具体公式[1]如下：

$$D_{\mathrm{KL}} \big[N(\mu, \sigma) \,|\, N(0,1) \big] = \frac{1}{2} \sum (1 + \log \sigma^2 - \mu^2 - \sigma^2) \tag{2-17}$$

---

① 本书公式中对数的底数默认为 2。

VAE 引入 KLD 的目的是使潜在空间的正态分布更加接近标准正态分布。这样做的优点是：

❑ 在 N 上的采样点更有可能落在 VAE 曾经见过的点的范围内；

❑ N 的分布越对称和均匀，不同聚类点的间隔就越不可能太大。

图 2-20 显示了引入 KLD 后，数字图像在 VAE 潜在空间中的点分布。与图 2-18 的 Autoencoder 的潜在空间相比，点在 VAE 的潜在空间中的分布明显对称和均匀。VAE 训练结束得到 N 后，我们就可以在 N 上随机采样，通过解码器得到新的数字图像。

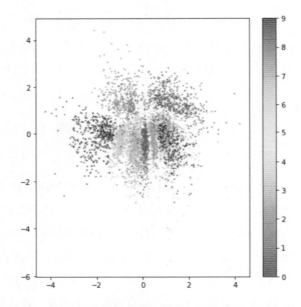

图 2-20　VAE 生成的潜在空间［图片来自（Foster, 2019）］

条件变分自编码器（conditional variational autoencoder，CVAE）（Sohn et al., 2015）是 VAE 的扩展。VAE 不能按照要求生成图像。例如，在上述生成数字图像的例子中，我们不能要求 VAE 生成数字为 "3" 的图像。于是，CVAE 被提出。相比于 VAE 的编码器 $h(z \mid X)$ 和解码器 $g(X \mid z)$，CVAE 的编码器和解码器都依赖一个新的随机变量 c，分别变成 $h(z \mid X, c)$ 和 $g(X \mid z, c)$。c 可以是手写数字图像的标签。CVAE 在训练过程中，编码器和解码器都需要输入手写数字图像的标签。训练结束后，如果我们需要特定的手写数字图像，只需告诉 CVAE 的解码器这个数字标签即可。

VAE 目前也用于文本生成任务。Bowman 等人（Bowman et al., 2016）提出了基于 RNN 的 VAE 文本生成模型，能够生成句子级的潜在语义表达。

2.7.2　生成对抗网络

生成对抗网络（generative adversarial network，GAN）（Goodfellow et al., 2014）是一种让两个神经网络相互博弈来进行无监督学习的方法。GAN 也是一种深度生成模型。如图 2-21 所示，GAN 由一个生成模型 G 和一个判别模型 D 组成，G 和 D 都是神经网络。G 的输入是潜在空间的随机取样，G 需要模拟真实样本的分布，使得输出结果尽量接近训练集中的真实样本。D 的输入为真实样本或 G 输出的生成（模拟）样本，输出需要判断输入为真实样本或生成样本。可以看出 G 和 D 是博弈关系：G 需要尽量输出"好"的生成样本来"欺骗"D，使之无法区分；而 D 需要尽量分辨真实样本和生成样本，不受 G 的"欺骗"。

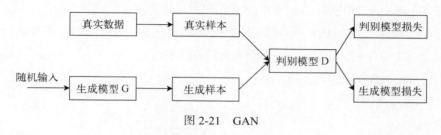

图 2-21　GAN

GAN 的训练过程是 G 和 D 相互对抗，不断调整各自的模型参数。最终，训练的结果使 D 无法判断 G 的输出是否为真实样本。GAN 训练成功后，G 会应用到数据生成任务中。本质上，D 是一个分类器，它连接了两个损失函数：自身的损失函数和 G 的损失函数。在训练 D 时，我们只考虑 D 的损失函数来单独训练 D；在训练 G 时，我们需要连接 G 和 D，同时使用 G 和 D 的损失函数来进行训练。而在训练 G 的过程中，D 的模型参数不会更新，训练只更新 G 的模型参数。

GAN 最初应用在图像生成任务中。目前，它逐渐应用于文本生成任务。Yu 等人（Yu et al., 2017）提出利用 GAN 来生成文本序列。由于 GAN 的最初设计是生成实数和连续的数据序列，因此对于生成离散的连续字符文本序列有难度。在训练过程中，GAN 只能对已经完整生成的数据序列计算损失函数，无法对部分生成的序列计算损失函数。针对以上两个问题，Yu 等人提出使用强化学习结合 GAN 来进行处理。

2.8　Transformer

2017 年，Vaswani 等人（Vaswani et al., 2017）提出用 Transformer 模型来处理文本序列数据以及执行机器翻译任务。在 Transformer 诞生之前，RNN/LSTM 是处理文本序列数据的主要深度学习模型，但存在以下不足之处。

- □ RNN 处理文本序列数据只能从左到右（或反向）依次进行，而且当前步的计算需要依赖上一步的结果，无法并行处理，计算速度较慢。
- □ RNN 很难处理文本序列中字符之间的长程依赖问题。文本序列越长，字符之间的依赖信息越容易丢失。虽然 LSTM 能利用门机制部分缓解问题，但对长程依赖处理依然效果欠佳。

针对 RNN/LSTM 的以上问题，Transformer 被提出。

图 2-22 显示了 Transformer 架构，它采用了处理文本序列数据常用的编码器–解码器架构。其中左边是 Transformer 编码器，它一般由 6 个编码模块堆叠而成（图中 N 的值一般是 6）；右边是 Transformer 解码器，它也由 6 个解码模块堆叠而成。在机器翻译任务中，Transformer 编码器将输入的源语言文本序列 $x = (x_1, \cdots, x_n)$ 编码成向量表征序列 $z = (z_1, \cdots, z_n)$；Transformer 解码器根据 z 解码输出目标语言文本序列 $y = (y_1, \cdots, y_m)$。

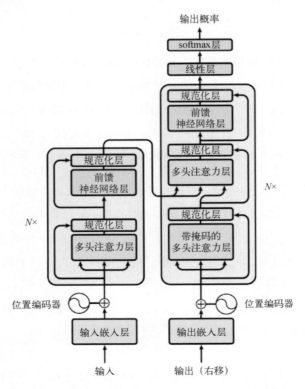

图 2-22　Transformer 的编码器和解码器［图片来自（Vaswani et al., 2017）］

Transformer 的创新之处在于使用了自注意力（self-attention）机制来处理文本序列数据（第 4 章会对自注意力机制做详细介绍）。相比于 RNN/LSTM 需要按文本序列顺序进行逐字符处理，自注意力机制可以将文本序列整体输入一次性并行处理，速度大幅提高。自注意力机制还能有效处理文本序列中字符之间的关系，进一步改善了文本序列的长程依赖问题。

但是，自注意力机制的一次性并行处理会忽视输入文本序列中字符的位置信息，而字符的位置信息对理解文本的语义比较重要（例如，"我打网球"和"网球打我"）。我们需要让输入字符包含位置信息。对此，Transformer 采用了位置编码（positional encoding），即为每个输入字符的位置生成一个向量。生成位置编码的具体公式请参考 Vaswani 等人的文章。

对于输入文本序列，Transformer 先使用分词技术将输入文本变成字符，再将字符转换成整数，进而生成对应的词嵌入（例如采用哈希函数方法）。字符的位置编码向量的维度与其词嵌入向量的维度是一样的。这样，字符的位置编码和词嵌入就可以相加作为 Transformer 编码器的输入了。该输入既包含字符的语义信息，也包含位置信息。

2.8.1 Transformer 的编码模块

图 2-23 显示了 Transformer 的编码器中的一个编码模块。它是由多头自注意力（multi-head self-attention）层和前馈神经网络层组成的一个神经网络。每个子层都有一个残差连接。它将子层的原始输入和输出一起进行相加和规范化处理（add & norm）。残差连接的目的是保证输入的位置编码信息不会在神经网络的多层处理过程中丢失。而规范化处理使得每个输出嵌入向量的平均值接近 0，标准差接近 1，计算更容易收敛和稳定。

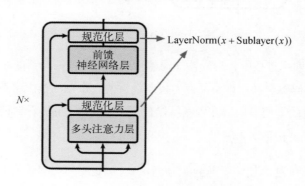

图 2-23　Transformer 的编码模块

如图 2-23 所示，编码模块的每个子层的规范化输出为：

$$R = \mathrm{LayerNorm}(x + \mathrm{Sublayer}(x)) \tag{2-18}$$

编码模块每个子层的输出维度是固定的 512。由于编码模块的主要操作是向量点积，所以固定维度的输出能减少点积计算次数，减少内存消耗，并且易于追踪通过模块的数据信息。

2.8.2　Transformer 的解码模块

图 2-24 深入展示了 Transformer 解码器的一个解码模块。解码模块除了包含多头自注意力层和前馈神经网络层以外，还增加了一个带掩码的多头注意力（masked multi-head attention）层。

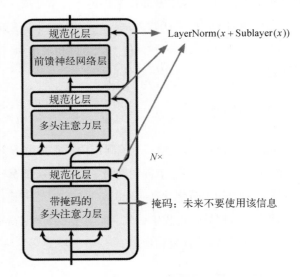

图 2-24　Transformer 的解码模块

在 Transformer 的训练过程中，解码器的输入来自两部分：编码器的输出向量和当前解码器所有已生成的字符。解码器会利用多头注意力机制针对输入来预测输出字符。解码器使用带掩码的多头注意力机制的目的是使解码器在预测特定位置的字符时，无法看到训练数据中对应位置的真实字符，使得其训练过程不引入偏见。

由于使用自注意力机制，其计算复杂度为 $O(n^2)$（n 是序列文本长度）。Transformer 对长文本的计算量很大。针对这个问题。Beltagy 等人（Beltagy et al., 2020）提出了 Longformer，一种高效处理长文本的 Transformer 变种。它改进了 Transformer 的注意力机制，即对文本序列中的每个字符，只对固定窗口大小附近的字符计算局部注意力（local attention），并根据任务计算少量全局注意力（global attention）。这种结合局部注意力和全局注意力的稀疏注意力机制将计算复杂度降为 $O(n)$。Zaheer 等人（Zaheer et al., 2020）提出了 Big Bird，也是一种高效处理长文本的 Transformer 变种。与 Longformer 类似，它也是通过引入稀疏注意力机制来降低注意力机制的计算复杂度的。

Transformer 的编码器和解码器可以一起使用（例如机器翻译任务），也可以单独使用。Transformer 的编码器被单独应用于预处理语言模型 BERT（见 3.4.8 节）的生成中，而 Transformer 的解码器被单独应用于预处理语言模型 GPT（见 3.4.7 节）的生成中。

第 3 章

词表征

词是自然语言中表达意义的最小单位。NLP需要计算机能有效地表示词。直接使用字母序列来表示词是低效的，因为字母序列的长度不一致会造成计算机处理不方便，而且字母序列的语义信息表示稀疏。例如，大部分英文单词的字母序列的长度在 10 以下，并且很多字母序列无语义。计算机需要将词的字母序列转化成固定维度的向量以方便处理。这种向量被称为词向量（word vector）或词表征（word representation）。

独热编码（one-hot encoding）是一种生成词表征的方法。给定一个固定大小的词典 $W = \{w_1, w_2, \cdots, w_{|D|}\}$，独热编码将输入文本中的词表示为一个 $|D|$ 维的向量 V。在该向量中，只有目标词的向量元素值为 1，而其他元素值为 0。例如，假设一个词典只包含"苹果""香蕉""梨"和"汽车" 4 个词，则它们的独热编码分别为：$V_{苹果} = [1,0,0,0]$，$V_{香蕉} = [0,1,0,0]$，$V_{梨} = [0,0,1,0]$，$V_{汽车} = [0,0,0,1]$。独热编码的设计和实现简单，但是生成的向量不包含任何语义信息，无法表达词之间的语义关系。例如，"苹果"和"香蕉"都属于水果，在语义上相近，而"苹果"和"汽车"在语义上不同。但在示例中，$V_{苹果}$ 和 $V_{汽车}$ 之间的向量距离（欧几里得距离）与 $V_{苹果}$ 和 $V_{香蕉}$ 之间的向量距离一样，从语义上无法区分。此外，当输入文本中出现词典里没有的新词时，独热编码的词典和表示向量的维度都需要扩大，处理起来不太灵活。

针对独热编码的不足，词的分布表征（distributional representation）方法被提出。该方法的目的是生成低维和稠密的向量来表示词。词的分布表征基于 Harris（Harris, 1954）提出的分布假说。该假说的基本意思是"如果两个词的上下文相似，则它们的语义也相近"。上下文是指在包含目标词的文本中，目标词周围出现的词和短语。例如，表示日期的英文单词"Monday"，在英文文本中，它左边紧接的词一般是"last"和"on"等。这些词就称为"Monday"的上下文。根据生成方法的不同，词的分布表征模型可以分为三类：基于矩阵的模型、基于聚类的模型和基于神经网络的模型。

词的分布表征模型与 NLP 的语言模型密切相关，特别是基于神经网络的模型。在具体介绍这些分布表征模型以前，我们首先简要介绍语言模型。

3.1 语言模型

语言模型将文本看成离散的时间数据序列，假设在一段长度为 T 的文本中依次出现的词为 $w_1, w_2, \cdots, w_T$，则词 w_t（$1 \leqslant t \leqslant T$）被视为数据序列在时间 t 的输出。语言模型用于计算该序列的概率 $P(w_1, w_2, \cdots, w_T)$。通过语言模型可以判断一个语句是否正常、合理。例如，$P("我正在看电影")$ 会大于 $P("看电影我正在")$。一段长度为 T 的语句概率可以按照式(3-1)来计算：

$$P(w_1, w_2, \cdots, w_T) = \\ P(w_1)P(w_2|w_1)\cdots P(w_i|w_1, w_2, \cdots, w_{i-1})\cdots P(w_T|w_1, w_2, \cdots, w_{T-1}) \tag{3-1}$$

随着语句序列长度的增加，式(3-1)的尾部概率（如 $P(w_T|w_1, w_2, \cdots, w_{T-1})$）的计算会变得很复杂。为了简化语言模型的计算，人们提出了 n 元语法。它使用了马尔可夫假设，即一个词的出现只与其前面的 n 个词相关。这样在计算 n 元语法的条件概率时，距离大于或等于 n 的上下文会被忽略，如式(3-2)所示：

$$P(w_i|w_1, w_2, \cdots, w_{i-1}) \approx P(w_i w_{i-(n-1)}, \cdots, w_{i-1}) \tag{3-2}$$

例如，当 $n=1$ 时，式 (3-2) 中 $P(w_i|w_1, w_2, \cdots, w_{i-1}) = P(w_i)$。整个序列的概率变成 $P(w_1, w_2, \cdots, w_T) = P(w_1)P(w_2)\cdots P(w_T)$，序列中各个词是相互独立的；当 $n=2$ 时，式(3-2)变成 $P(w_i | w_1, w_2, \cdots, w_{i-1}) = P(w_i | w_{i-1})$，即序列中一个词的生成只与其前面的一个词有关。

n 元语法一般通过词频计数的比例来计算 n 元条件概率，如式(3-3)所示：

$$P(w_i | w_{i-(n-1)}, \cdots, w_{i-1}) = \frac{\text{count}(w_{i-(n-1)}, \cdots, w_{i-1}, w_i)}{\text{count}(w_{i-(n-1)}, \cdots, w_{i-1})} \tag{3-3}$$

n 元语法中 n 值较小时，语言模型计算简单，但是序列的词序信息会丢失。为了更好地保留词序信息，我们可以选择较大的 n。但是，当 n 较大时，长度为 n 的序列在文本中出现的次数会很少。在计算 n 元条件概率（式(3-3)）时，会遇到数据稀疏问题，导致估算结果不准确。

3.2   基于矩阵的词分布表征模型

基于矩阵的词分布表征模型的基本思想是构建一个词与上下文的共现矩阵（co-occurrence matrix），通过矩阵计算得到词表征。在共现矩阵中，每行对应一个目标词，而每列表示一个目标词的上下文。矩阵中每个元素的值是目标词与其对应上下文共同出现的次数或者次数的加权和平滑值（例如，TF-IDF 值和逐点互信息值）。于是两个词之间的语义相似度，可以通过它们对应的上下文列向量的距离来判断。

根据上下文的不同，我们可以构造“词–文档”矩阵、“词–短语”矩阵和“词–词”矩阵。在这三种矩阵中，“词–文档”矩阵非常稀疏，“词–词”矩阵较为稠密，而“词–短语”矩阵的稀疏程度在这两者之间。针对较稀疏的矩阵，我们可以使用降维技术将高维稀疏向量压缩成低维稠密向量。常用的降维技术包括奇异值分解（singular value decomposition，SVD）等。下面我们介绍两个常见的基于矩阵的词分布表征模型：潜在语义分析（latent semantic analysis，LSA）和 GloVe。

3.2.1   潜在语义分析

潜在语义分析（Landauer et al., 1998）用于分析隐藏在词背后的潜在语言关系，也称潜在语义索引（latent semantic indexing，LSI）。它首先构建全局的“词-文档”共现矩阵，然后通过降维得到词和文档的低维向量，最后通过低维向量间的距离来判断词和文档之间的关系。LSA 主要应用在信息检索任务中，例如它可以对 5000 个文档和 30 000 个索引词构建一个维度为 100 的向量空间，以便进行检索。

基于 LSA 的词表征和文档表征的计算步骤如下。

(1) 根据语料构建“词-文档”矩阵 X。X 的元素 x_{ij} 的值是词 i 在文档 j 中的 TF-IDF 值[①]。

(2) 对矩阵 X 进行奇异值分解，$X = U\Sigma V^{\mathrm{T}}$。这里 U 和 V^{T} 均为正交矩阵，Σ 为对角矩阵。

(3) 取 Σ 的 k 个最大奇异值进行降维处理。

(4) 通过降维后的 Σ_k 计算得到新的词表征和文档表征。

降维是潜在语义分析中重要的一步。降维处理去除了文档中的“噪声”，即无关信息（例如，词的误用或不相关的词偶尔共现），使得文档的语义结构逐渐显现，词的语义关系更明确。

---

① TF-IDF 值的计算可以参考维基百科。

3.2.2 GloVe

GloVe（global vectors for word representation）（Pennington et al., 2014）是一个基于全局词频统计的词分布表征模型。它认为文档中词与词共同出现的概率的比例与词的潜在语义有关。Pennington 等人在论文中举了词"steam"和"ice"的例子，表 3-1 显示了"steam"和"ice"与其他词共同出现的概率及相应的比例。

表 3-1　"steam"和"ice"与其他词 k 共同出现的概率及其比例［表来自（Pennington et al., 2014）］

Probability and Ratio	k = solid	k = gas	k = water	k = fashion
$P(k \mid \text{ice})$	1.9×10^{-4}	6.6×10^{-5}	3.0×10^{-3}	1.7×10^{-5}
$P(k \mid \text{steam})$	2.2×10^{-5}	7.8×10^{-4}	2.2×10^{-3}	1.8×10^{-5}
$P(k \mid \text{ice}) / P(k \mid \text{steam})$	8.9	8.5×10^{-2}	1.36	0.96

表 3-1 中"Probability and Ratio"的意思是"概率和比例"。从表中可以看出，"ice"与"solid"一同出现的概率比与"gas"高（即 $p(\text{solid} \mid \text{ice}) > p(\text{gas} \mid \text{ice})$）；"steam"与"gas"一同出现的概率比与"solid"高；"ice"和"steam"都经常与"water"一同出现，都很少与"fashion"一同出现。根据观察，我们可以使用"steam"和"ice"与其他词 k 共同出现的概率的比例 $\dfrac{P(k \mid \text{ice})}{P(k \mid \text{steam})}$ 来区分与"steam"和"ice"相关的其他词 k，即利用"solid"和"gas"这两个词能区分"ice"和"steam"在语义（热力学定义）上的不同，而"water"和"fashion"则无法区分。

按照以上示例，GloVe 提出语料中词表征的生成需要考虑它们共同出现的概率的比例。假设生成各个词表征的模型为 F，其计算公式如式(3-4)所示：

$$F(\boldsymbol{w}_i, \boldsymbol{w}_j, \tilde{\boldsymbol{w}}_k) = \frac{P_{ik}}{P_{jk}} \tag{3-4}$$

在式(3-4)中，$\boldsymbol{w}_i$、$\boldsymbol{w}_j$ 和 $\tilde{\boldsymbol{w}}_k$ 是需要学习的词表征，其中 $\tilde{\boldsymbol{w}}_k$ 是 $\boldsymbol{w}_i$ 和 $\boldsymbol{w}_j$ 的上下文。F 的选择有很多种。针对词表征生成的特性，GloVe 对 F 进行了简化推导［具体过程请参考（Pennington et al., 2014）］，得到如下近似关系：

$$\boldsymbol{w}_i^{\mathrm{T}} \boldsymbol{w}_k + b_i + b_k = \log X_{ik} \tag{3-5}$$

其中 b_i 和 b_k 分别是词表征 $\boldsymbol{w}_i$ 和 $\boldsymbol{w}_k$ 的偏差值，X_{ik} 是"词–词"共现矩阵的元素值。它的值是词 i 和上下文 j 在特定大小的上下文窗口内共同出现的次数 n 乘以衰减权重 w，$w = 1/d$。d 是词 i 和

上下文 j 在上下文窗口中的距离。

根据式(3-5)，我们可以得到 GloVe 的损失函数，如式(3-6)所示：

$$J = \sum_{i,j=1}^{V} f(X_{ij}) \left(\boldsymbol{w}_i^{\mathrm{T}} \boldsymbol{w}_j + b_i + b_j - \log X_{ij} \right)^2 \tag{3-6}$$

注意，损失函数中包含了一个权重函数 $f(X_{ij})$，它是非递减函数，使得很少共同出现的词或者频繁共同出现的词的权重都不会太大。它的公式如下：

$$f(X_{ij}) = \begin{cases} \left(\dfrac{X_{ij}}{X_{\max}} \right)^a & \text{如果 } X_{ij} < X_{\max} \\ 1 & \text{其他} \end{cases} \tag{3-7}$$

图 3-1 是权重函数的示意图。

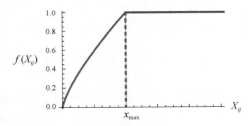

图 3-1   GloVe 权重函数示意图，式(3-7)中参数 $\alpha = 3/4$ ［图片来自（Pennington et al., 2014）］

GloVe 使用梯度下降法来最小化损失函数 J，从而优化模型参数，得到语料中各个词的词表征。

3.3   基于聚类的词分布表征模型

基于聚类的词分布表征模型通过聚类算法来构建词与上下文之间的关系，从而得到词表征。下面我们将介绍一个基于聚类的词分布表征模型——布朗聚类。

布朗聚类（Brown et al., 1992）是一种层次聚类（hierachical clustering）方法。基于分布假说，它可以将输入文本中出现在类似上下文中的词归类在一起。

假设 V 是输入文本中所有词 $w_1, w_2, \cdots, w_T$ 的词典，C 是聚类方式，也是一个映射函数 $f(V) \to \{1, 2, \cdots, k\}$，将所有词映射到不同类别。布朗聚类使用 n 元语言模型（$n = 2$）来衡量 C 的分类效果，从而得到最终的 C，如式(3-8)所示：

$$p(w_1, w_2, \cdots, w_T) = \prod_{i=1}^{n} p(w_i \mid w_{i-1}) = \prod_{i=1}^{n} e(w_i \mid C(w_i)) q(C(w_i) \mid C(w_{i-1})) \tag{3-8}$$

其中，$e(w_i \mid C(w_i))$ 表示 w_i 属于类别 $C(w_i)$ 的概率，$q(C(w_i) \mid C(w_{i-1}))$ 是给定目标词的前一个词的类别 $C(w_{i-1})$，目标词类别 $C(w_i)$ 的概率。最终的 C 是使得 $\prod_{i=1}^{n} p(w_i \mid w_{i-1})$ 最大的聚类方式。

图 3-2 是布朗聚类示例。它通过处理输入文本，输出了一棵二叉聚类树，树的叶节点是输入文本中的词，而树的中间节点是最终的聚类。每个聚类可以用一个编码表示。例如，编码"0011010"对应词聚类"let's, lets, lemme …"。

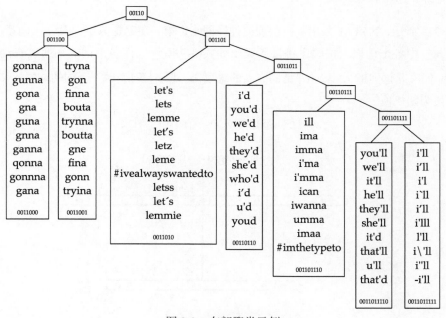

图 3-2　布朗聚类示例

3.4　基于神经网络的词分布表征模型

基于神经网络的词分布表征模型（Lai et al., 2016）通过神经网络学习到低维、稠密和连续的向量来表示词，这种词表征也被称为词嵌入（word embedding）。与其他词分布表征模型相比，神经网络能编码复杂的上下文，在生成的词嵌入中包含丰富的语义信息。基于神经网络的词分布表征模型也是根据分布假说和语言模型，利用上下文与目标词之间的关系建模的。在这一节中，我们将介绍几种基于神经网络的经典词分布表征模型。

3.4.1 NNLM

Bengio 等人（Bengio et al., 2003）提出了一种基于神经网络的语言模型（neural network language model，NNLM）。NNLM 在学习语言模型的同时，也得到了词嵌入。它的基本方法是通过神经网络对 n 元语言模型建模，即给定输入词序列 $w_{t-(n-1)}, \cdots, w_{t-1}, w_t$，估算序列的下一个词是 w_t 的 n 元条件概率 $P(w_t \mid w_{t-(n-1)}, \cdots, w_{t-1})$。NNLM 的输入是序列 $w_{t-(n-1)}, \cdots, w_{t-1}$，输出序列的下一个词是 w_t 的概率。与传统统计方法（式(3-3)）不同，NNLM 不通过词频计数的方法对 n 元条件概率进行计算，而是直接通过一个神经网络模型进行估计。

如图 3-3 所示，NNLM 采用了三层前馈神经网络，第一层是输入层，其输入向量 $\boldsymbol{x}$ 由序列 $w_{i-(n-1)}, \cdots, w_{i-1}$ 中各个词嵌入按顺序拼接而成，如式(3-9)所示。而各个词嵌入通过查询参数矩阵 $\boldsymbol{C}^{|C| \times |V|}$ 得到（$|V|$ 是词典的大小，$|C|$ 是词嵌入的维度），其每一列表示一个词的词嵌入。参数矩阵 $\boldsymbol{C}$ 的初始值为随机值。

$$x = \left[\boldsymbol{C}(w_{t-1}); \boldsymbol{C}(w_{t-2}); \cdots; \boldsymbol{C}(w_{t-n+1}) \right] \tag{3-9}$$

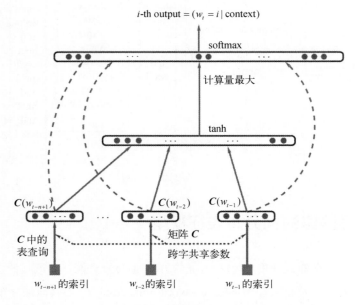

图 3-3　NNLM［图片来自（Bengio et al., 2003）］

x 通过隐藏层 h 和输出层得到输出向量 y：

$$h = \tanh(Hx + b_1) \tag{3-10}$$

$$y = Uh + Wx + b_2 \tag{3-11}$$

$H \in \mathbb{R}^{|h| \times (n-1)|C|}$ 为输入层到隐藏层的权重矩阵，$U \in \mathbb{R}^{|V| \times |h|}$ 为隐藏层到输出层的权重矩阵，$|h|$ 为隐藏层的维度，b_1 和 b_2 均为模型的偏置项。NNLM 的前馈神经网络存在从输入层到输出层的直连边。式(3-11)中的矩阵 $W \in \mathbb{R}^{|V| \times (n-1)|C|}$ 表示该直连边的权重，由于存在直连边，因此 NNLM 有可能从非线性的神经网络退化成线性分类器，但使用直连边可以减少一半的迭代次数，模型训练收敛更快。NNLM 计算量最大的操作发生在式(3-11)中，特别是计算 Uh。

输出层共有 $|V|$ 个元素（神经元），则输出向量 y 的每个元素值表示输入序列对应的下一个词为词典中某个词的可能性。由于神经网络不能保证输出层的输出 y 向量中各个元素之和为 1，所以 y 并不是概率值向量。NNLM 通过 softmax 函数将 y 转成对应的概率值：

$$P\left(w_t \mid w_{t-n+1:t-1}\right) = \frac{\exp(y_t)}{\sum_i \exp(y_i)} \tag{3-12}$$

相比于传统统计方法，NNLM 能对 n 元条件概率更好地建模，主要是因为使用了词嵌入来表示长度为 $n-1$ 的上文（如式(3-9)所示）。它可以通过相似的上文预测出相似的目标词。

NNLM 的训练目标是最大化整个输入语料的似然值，即利用最大似然估计（maximum likelihood estimation，MLE）来训练模型。它的目标函数如下：

$$L = \frac{1}{T}\sum_t \log P\left(w_t \mid w_{t-n+1:t-1}; \theta\right) + \lambda R(\theta) \tag{3-13}$$

T 是训练样本的数量，θ 是所有的模型参数值，包括矩阵 C，而 $R(\theta)$ 是正则表达式，λ 是对应的权重。NNLM 使用随机梯度下降法来优化上述目标函数，从而得到矩阵 C 和对应的词嵌入。

NNLM 的不足之处在于其前馈神经网络的架构仅能输入固定长度的上文，从而限制了它利用更长的上文，且计算量比较大。在后来的研究中，循环神经网络（RNN）被用来代替前馈神经网络来构建语言模型。

3.4.2　RNNLM

Mikolov 等人（Mikolov et al., 2010）提出了一种基于 RNN 的语言模型（recurrent neural network based language model, RNNLM）。RNNLM 利用 RNN 使用所有上文信息来计算 $P(w_t \mid w_1, w_2, \cdots, w_{t-1})$，而不像 NNLM 那样使用邻近上文信息来计算 $P(w_t \mid w_{t-(n-1)}, \cdots, w_{t-1})$。

RNNLM 的架构如图 3-4 所示。与 NNLM 类似，它也由输入层（即输入编码和上下文编码）、隐藏层和输出层组成，但其输入层和隐藏层的计算方法不同。

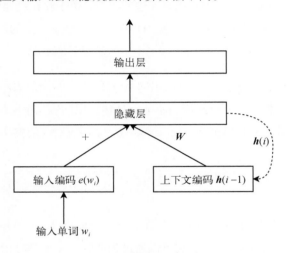

图 3-4　RNNLM 的架构

RNNLM 隐藏层的计算公式如下：

$$h(i) = \rho(W(e(w_i) : h(i-1))) \tag{3-14}$$

其中 $h(i)$ 表示当前步（包含输入词 w_i）对应的隐藏层向量，ρ 为激活函数（sigmoid 函数），$e(w_i)$ 是词 w_i 的的独热编码，该隐藏层的输入 x 由 $e(w_i)$ 和前一步对应的隐藏层向量 $h(i-1)$ 连接得到。$W^{|C| \times (|V| + |h|)}$ 是参数矩阵，$|V| + |h|$ 是输入 x 的维度，$|C|$ 是词嵌入的维度。

从式(3-14)可以看出，与一次输入所有邻近上文的 NNLM 不同，RNNLM 使用迭代的方式直接对所有的上文进行建模。RNNLM 的隐藏层的初始状态是 $h(0)$，随着逐步读入输入的词向量，$e(w_1), e(w_2), \cdots$，隐藏层不断更新状态 $h(1), h(2), \cdots$。通过迭代的方式，其隐藏层包含了此前所有的上文信息。通过训练，RNNLM 可以得到矩阵 W 和对应的词嵌入。

3.4.3　Collobert-Weston 模型

Collobert-Weston（ Collobert and Weston, 2008 ）是一种利用神经网络直接生成词嵌入的模型。它的模型架构如图 3-5 所示。其输入是以单词 w_i 为中心的 n 元短语。

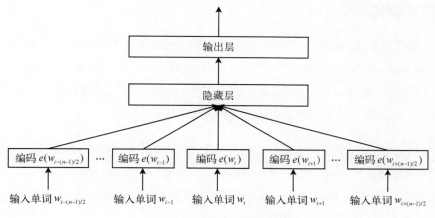

图 3-5　Collobert-Weston 模型

与 NNLM 和 RNNLM 计算条件概率 $P(w_i \mid w_1, w_2, \cdots, w_{i-1})$ 不同，Collobert-Weston 模型没有采用语言模型，而是采用直接对 n 元短语进行合理性评分的方式来生成词嵌入。对于语料中出现过的 n 元短语，模型给予的评分高；而对于语料中没有出现过的 n 元短语，模型给予的评分较低。与使用语言模型相比，Collobert-Weston 模型能更直接地学习到符合分布假说的词嵌入。

对于输入的整个语料，Collobert-Weston 模型的损失函数定义如下：

$$L = \sum_{c \in \mathcal{J}} \sum_{w \in \mathcal{D}} \max\{0, 1 - \mathrm{score}_\theta(w, c) + \mathrm{score}_\theta(w', c)\} \tag{3-15}$$

其中，(w, c) 为从语料 $\mathcal{J}$ 中选出的一个 n 元短语 $c = \{w_{i-\frac{(n-1)}{2}}, \cdots, w_{i+\frac{(n-1)}{2}}\}$，$w$ 是短语中的中间词，也是目标词。这里 n 一般取奇数，以保证 w 的上文和下文中词的数量一致。(w', c) 将 (w, c) 中的 w 随机替换成词典 $\mathcal{D}$ 中任意一个词 w'，而上下文不变。这样，模型分别得到了训练的正样本 (w, c) 和负样本 (w', c)。根据式(3-15)，Collobert-Weston 模型希望正样本的分数比负样本的分数至少高 1 分。它通过最小化损失函数来训练得到词嵌入 $e(w)$。

Collobert-Weston 模型与 NNLM 相比，输出层由 $|V|$ 个神经元节点变为一个节点。这个节点的

输出值表示输入 n 元短语的分数，并且它无须使用 softmax 函数进行归一化操作得到概率值。Collobert-Weston 模型与 NNLM 相比，输出层的 $|V| \times |h|$ 次运算减少为 $|h|$ 次运算（$|h|$ 为隐藏层维度），大幅降低了模型的计算复杂度。

3.4.4 Word2Vec

Mikolov 等人（Mikolov et al., 2013a）提出了两个基于神经网络的词嵌入模型：连续词袋（continuous bag-of-words，CBOW）模型和 skip-gram 模型，统称 Word2Vec。相比于 NNLM、RNNLM 和 Collobert-Weston 模型，Word2Vec 对模型架构进行了进一步简化，使得计算复杂度进一步大幅降低，而且训练得到的词嵌入质量较高。

CBOW 的输入是一个句子或短语。它的核心思想是将输入句子的中间词作为目标词，然后根据句子上下文来预测该目标词。例如，输入英文句子"The rose bloomed in garden."，模型使用目标词的上下文{"The", "rose", "in", "garden"}来预测中间的目标词"bloomed"。与其他神经网络模型相比，CBOW 模型对计算做了如下简化。

- ❑ 相比于 Collobert-Weston 模型，CBOW 架构更为简单，减少了矩阵运算，大幅降低了模型计算复杂度。
- ❑ CBOW 没有考虑输入句子的语序信息，使用上下文词向量的平均值作为输入，不像 NNLM 使用上下文词向量的顺序拼接作为输入。

例如，目标词 w_i 的上下文 $\{w_{i-m}, \cdots, w_{i-1}, w_{i+1}, \cdots, w_{i+m}\}$ 作为 CBOW 的输入，如式(3-16)所示：

$$\tilde{v} = \frac{1}{2m} \sum_{w_j \in c} e(w_j) \tag{3-16}$$

其中，c 是 w_i 的上下文，$e(w_j)$ 表示上下文中词 w_j 的词嵌入。

CBOW 根据 $\tilde{v}$ 对目标词进行预测，即计算词典中每一个词为目标词的概率，如式(3-17)所示：

$$P(w \mid c) = \frac{\exp(e(w)^{\mathrm{T}} \tilde{v})}{\sum_{w' \in V} \exp(e(w')^{\mathrm{T}} \tilde{v})} \tag{3-17}$$

图 3-6 显示了 CBOW 的矩阵计算过程。输入是上下文 x，其中每个词 x_n 使用独热编码向量。

已知输出目标向量 y 也是独热编码向量。CBOW 在训练过程中会学习生成两个矩阵，$W \in \mathbb{R}^{N \times V}$ 和 $W' \in \mathbb{R}^{V \times N}$，$N$ 为词嵌入空间的大小，$|V|$ 是词典的大小。W 中的 i 列 W_i 是对输入词 x_i 的词嵌入，而 W' 中的 j 行 W'_j 是对输出词 y_j 的词嵌入。所以，对词典中的每一个词，CBOW 会训练得到两个词嵌入。

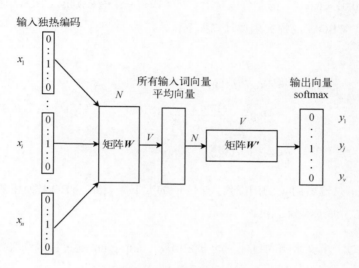

图 3-6　CBOW 的矩阵计算

CBOW 的矩阵计算步骤如下。

(1) 指定目标词 x_i。

(2) 输入 x_i 的上下文的词向量集合 $(x_{i-m}, \cdots, x_{i-1}, x_{i+1}, \cdots, x_{i+m})$，词向量使用独热编码。

(3) 得到上下文的词嵌入集合 $(v_{i-m} = Wx_{i-m}, v_{i-1} = Wx_{i-1}, \cdots, v_{i+m} = Wx_{i+m})$。

(4) 计算上下文的词嵌入平均值 $\tilde{v} = \dfrac{v_{i-m} + v_{i-1} + \cdots + v_{i+m}}{2m}$。

(5) 计算预测输出的概率向量 $\tilde{y} = \mathrm{softmax}(W'\tilde{v}) = \dfrac{\exp(w_i'^{\mathrm{T}} \tilde{v})}{\sum_{j \in V} \exp(w_j'^{\mathrm{T}} \tilde{v})}$。

(6) 根据 $\tilde{y}$ 和已知的目标输出向量 y，优化损失函数。

CBOW 使用交叉熵 $H(\tilde{y}, y)$ 作为损失函数：

$$H(\tilde{y}, y) = -\sum_{i=1}^{|V|} y_i \log \tilde{y}_i \tag{3-18}$$

由于 y 是独热编码向量，因此损失函数可以简化如下：

$$H(\tilde{\boldsymbol{y}}, \boldsymbol{y}) = -y_c \log \tilde{y}_c \tag{3-19}$$

在式(3-19)中，c 是 $\boldsymbol{y}$ 中元素值为 1 的索引。如果 CBOW 的预测完全准确 $\tilde{y}_c = 1$，则损失函数的值为 $H(\tilde{\boldsymbol{y}}, \boldsymbol{y}) = -1 \times \log 1 = 0$；如果 CBOW 的预测不准确，如 $\tilde{y}_c = 0.01$，则损失函数的值为 $H(\tilde{\boldsymbol{y}}, \boldsymbol{y}) = -1 \times \log 0.01 \approx 6.644$。据此可以看出，交叉熵是一个有效判断 CBOW 是否预测准确的量度。根据式(3-19)，CBOW 的损失函数计算如下：

$$
\begin{aligned}
L &= -\log P(w_i \mid w_{i-m}, \cdots, w_{i-1}, w_{i+1}, \cdots, w_{i+m}) \\
&= -\log P(u_i \mid \tilde{v}) \\
&= -\log \frac{\exp(u_i^{\mathrm{T}} \tilde{v})}{\sum_{i=1}^{|V|} \exp(u_i^{\mathrm{T}} \tilde{v})} \\
&= -u_i^{\mathrm{T}} \tilde{v} + \log \sum_{i=1}^{|V|} \exp(u_i^{\mathrm{T}} \tilde{v})
\end{aligned}
\tag{3-20}
$$

式(3-20)中，u_i 是输出词 w_i 的词嵌入，$\tilde{v}$ 是 w_i 的上下文表征。CBOW 使用随机梯度下降法去最小化损失函数 L，训练得到 u_i 和 $\tilde{v}$。

与 CBOW 通过上下文来预测目标词的方法相反，skip-gram 通过目标词去预测上下文。

表 3-2 显示了例句 "China launched the first astronauts to its space station" 中目标词和上下文的关系。

表 3-2　目标词和上下文的关系

移动窗口（大小=5）	目　标　词	上　下　文
[China launched the]	China	launched，the
[China launched the first]	launched	China，the，first
[China launched the first astronauts]	the	China，launched，first，astronauts
[launched the first astronauts to]	first	launched，the，astronauts，to
…	…	…

每一个上下文词和目标词的组合，就形成了一个 skip-gram 的训练数据对。例如，根据目标词 "first" 和其上下文，我们会得到 4 个训练样本("first""launched")、("first""the")、("first""astronauts") 和("first""to")。

skip-gram 的矩阵计算过程如图 3-7 所示。与 CBOW 类似，skip-gram 在训练过程中也会学习生成两个矩阵，$\boldsymbol{W} \in \mathbb{R}^{N \times V}$ 和 $\boldsymbol{W}' \in \mathbb{R}^{V \times N}$。

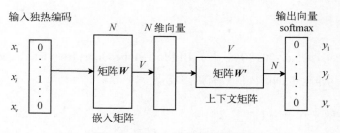

图 3-7 skip-gram 的矩阵计算

skip-gram 的矩阵计算步骤如下，与 CBOW 不同，它的输入是一个目标词 x_i。

(1) 指定目标词 x_i。

(2) 输入 x_i 的独热编码向量，得到其词嵌入 $v_i = Wx_i$。

(3) 计算预测输出的概率向量 $\tilde{y} = \text{softmax}(W'v_i)$。

(4) 根据 $\tilde{y}$ 和已知的上下文输出向量 y，优化损失函数。

skip-gram 的损失函数如式(3-21)所示：

$$
\begin{aligned}
L &= -\log P(w_{i-m}, \cdots, w_{i-1}, w_{i+1}, \cdots, w_{i+m} \mid w_i) \\
&= -\log \prod\nolimits_{j=0, j\neq m}^{2m} P(w_{i-m+j} \mid w_i) \\
&= -\log \prod\nolimits_{j=0, j\neq m}^{2m} P(u_{i-m+j} \mid v_i) \\
&= -\log \prod\nolimits_{j=0, j\neq m}^{2m} \frac{\exp(u_{i-m+j}^{\mathrm{T}} v_i)}{\sum_{k=1}^{|V|} \exp(u_k^{\mathrm{T}} v_i)} \\
&= -\sum\nolimits_{j=0, j\neq m}^{2m} u_{i-m+j}^{\mathrm{T}} v_i + 2m\log \sum\nolimits_{k=1}^{|V|} \exp(u_k^{\mathrm{T}} v_i)
\end{aligned}
\tag{3-21}
$$

skip-gram 使用随机梯度下降法来最小化损失函数，训练得到词嵌入 u_k 和 v_i。

CBOW 和 skip-gram 计算损失函数都需要遍历词典 $|V|$，如式(3-20)和式(3-21)所示，其计算量比较大。为了简化计算，Mikolov 等人（Mikolov et al., 2013）提出了负采样（negative sampling）技术，它不需要遍历词典，而是采样一些负例来进行计算（具体过程请参考原文章）。

fastText（Joulin et al., 2016；Bojanowski et al., 2017）是 Facebook 开源的一个学习词嵌入和文本分类的机器学习库。它可以训练 CBOW 和 skip-gram 模型得到输入语料中的词嵌入表示。

3.4.5 ELMo

Peters 等人（Peters et al., 2018）提出了 ELMo（embeddings from language models）模型来生成词嵌入。他们认为准确的词嵌入应具有以下特点。

☐ 能表达词在语义和语法上的复杂特点。

☐ 能针对不同的上下文来处理词的多义性（polysemy）。例如英文单词"bank"，在句子 "Willows lined the bank"和句子"I withdraw the money from the bank"中的语义完全不同。使用 Word2Vec 或 GloVe 来生成词嵌入时，一个词只能有一个固定的词嵌入，而与该词的上下文无关。对于一个多义词，我们就无法根据其上下文得到准确的意思。针对词的多义性问题，ELMo 提出利用上下文来生成一个词的向量表示，它认为一个词的词嵌入是其输入句子（上下文）的函数。ELMo 的架构如图 3-8 所示。

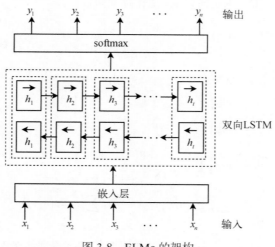

图 3-8 ELMo 的架构

从图 3-8 中可以看出，ELMo 的词嵌入是从双向的 LSTM 网络的中间状态中得到的。假设输入 $(w_1, w_2, \cdots, w_N)$ 是一个含有 N 个词的序列，ELMo 会使用两个语言模型：前向语言模型（forward language model），即给定上文 $(w_1, w_2, \cdots, w_{t-1})$ 后，w_t 接下来出现的概率；后向语言模型（backward language model），即给定下文 $(w_{t+1}, w_{t+2}, \cdots, w_N)$ 后，w_t 会出现的概率。ELMo 使用双向语言模型的目的是最大化前向语言模型和后向语言模型的 log 相似度。它的损失函数定义如下：

$$L = -\sum_{t=1}^{N} \left(\log P(w_t \mid w_1, w_2, \cdots, w_{t-1}) + \log P(w_t \mid w_{t+1}, w_{t+2}, \cdots, w_N) \right) \tag{3-22}$$

ELMo 首先使用字符级 CNN 将输入词转换成基于字符的嵌入，其目的是解决输入词不在词典里面的问题，并且基于字符的嵌入捕捉词的结构信息（例如，基于字符的嵌入能够表示词"cheer"和"cheerful"之间的相关性）并大幅减少模型参数的数量。下一步，ELMo 使用两层双向 LSTM 抓取词的上下文表示，最后使用 softmax 函数得到目标词的概率。ELMo 认为输入嵌入表示词结构的嵌入，而中间层嵌入则表示上下文相关的嵌入。假设 ELMo 的深度双向语言模型（bidirectional language model，BiLM）使用了 L 层双向 LSTM，则 ELMo 生成的词嵌入由以下嵌入集合（包含 $2L+1$ 元素）组成：

$$R_t = \left\{ x_t, \overrightarrow{h_{t,j}}, \overleftarrow{h_{t,j}} \,\middle|\, j=1,\cdots,L \right\} = \left\{ h_{t,j} \,\middle|\, j=0,\cdots,L \right\} \tag{3-23}$$

这里，$h_{t,0}=x_t$ 是 ELMo 模型输入（即字符级 CNN 的输出），$h_{t,j}=[\overrightarrow{h_{t,j}};\overleftarrow{h_{t,j}}]$ 是第 j 层前向和后向 LSTM 隐藏层的拼接。ELMo 生成的词嵌入是词的输入嵌入和双向 LSTM 的中间层嵌入的加权和，如式(3-24)所示：

$$\text{ELMo}_t = \lambda \sum_{j=0}^{L} s_j h_{t,j} \tag{3-24}$$

式(3-24)中 s_j 可以是通过 softmax 归一化的权重，λ 是扩展因子（scale factor）。

图 3-9 展示了句子"he gets a nice present"中"present"的词嵌入生成过程。

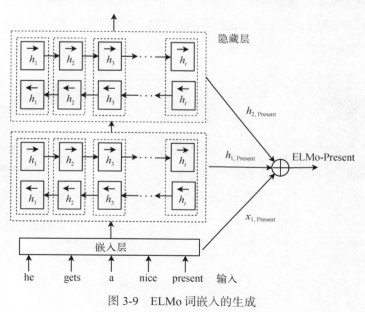

图 3-9　ELMo 词嵌入的生成

在 NLP 任务中，我们可以直接使用预训练的 ELMo 生成的词表征，如 LSTM 顶层的表征或各层加权和表征，或者针对具体任务，微调预训练的 ELMo 得到词表征。词表征由各隐藏层的嵌入向量加权和得到，而各个隐藏层的权重是在具体任务中通过学习得到的。

3.4.6 ULMFit

ULMFit（Howard and Ruder, 2018）（universal language model fine-tuning）是指针对文本分类任务的通用语言模型微调。与 ELMo 的应用类似，ULMFit 先在大量非标注数据上训练语言模型，再对学习到的语言模型进行微调，应用到具体的文本分类任务中。

ULMFit 的应用过程如图 3-10 所示。它由 3 个步骤组成。

(1) 在大规模语料上训练，得到预训练的语言模型，如图 3-10a 所示。
(2) 在具体文本分类任务的语料上，对预训练的语言模型进行微调，得到针对目标任务的数据表征。ULMFit 使用的微调技巧有区分微调（discriminative fine-tuning，简称 Discr）和三角变化的学习率（slanted triangular learning rate，STLR），如图 3-10b 所示。
(3) 对具体任务的文本分类器进一步微调。在这一步，ULMFit 使用的微调技巧有逐层解冻（gradual unfreezing）、Discr 和 STLR 等。如图 3-10c 所示，微调保持了神经网络低层（图中的深色层）的表征信息，主要调整了神经网络高层（图中的浅色层）的表征信息。原因是神经网络的不同层次能表征不同的特征。网络低层一般表达文本的语法信息，而网络高层能表达文本的语义信息。

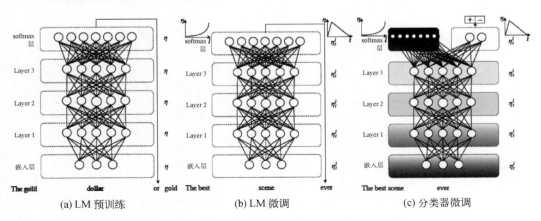

图 3-10　ULMFit 的应用过程

ULMFit 采用的 Discr 是指对神经网络的不同层次采用不同的学习率。使用 STLR 的目的是先使模型参数较快收敛到一个合适的区域，再慢慢对其进行调整。逐层解冻是指在微调时，逐层解冻前面的层。这是因为如果一次微调神经网络所有层，可能会出现"灾难性遗忘"（catastrophic forgetting）问题，即神经网络会"忘记"之前经过预训练得到的信息，所以需要逐层进行微调并且逐渐增加微调层数。

3.4.7 GPT

ELMo 和 ULMFit 的基本思想都是从大量非标注数据中通过训练语言模型学习到词嵌入等知识，然后将学习到的知识应用到具体任务中，同时进行参数微调。GPT（generative pretraining transformer）（Radford et al., 2018）也采用了这样的思想。但是 GPT 与 ELMo 和 ULMFit 的不同之处在于：它使用 Transformer 解码器而不是 LSTM 来建模。相比于 LSTM，Transformer 能更好地处理语料中的长程依赖问题。

GPT 的训练分为两个阶段。

(1) 首先，在大规模语料上，GPT 通过 Transformer 解码器进行训练，得到语言模型的初始参数。

(2) 然后，针对具体任务对预训练语言模型进行微调，即利用具体任务的标注数据和目标函数，对预训练语言模型的参数进行调整。具体步骤如下。

给定一个无标注的大规模语料 $\mathcal{U} = \{u_1, \cdots, u_n\}$，GPT 模型使用语言模型目标来最大化语料似然值，如式(3-25)所示：

$$L_1(\mathcal{U}) = \sum_i \log P(u_i \mid u_{i-k}, \cdots, u_{i-1}; \theta) \tag{3-25}$$

式(3-25)中 k 是上下文的窗口大小。

GPT 的 Transformer 解码器参数 θ 通过随机梯度下降方法来计算。Transformer 解码器使用多头自注意力机制处理输入文本字符，再输入前馈神经网络，生成对目标字符的输出分布。以下式子是 GPT 的 Transformer 解码器的工作流程：

$$h_0 = \mathcal{U} \boldsymbol{W}_e + \boldsymbol{W}_P \tag{3-26}$$

$$h_l = \text{transformer\_block}(h_{l-1}) \quad \forall i \in [1, n] \tag{3-27}$$

$$P(u) = \text{softmax}\left(h_n W_e^{\top}\right) \tag{3-28}$$

其中，$\mathcal{U} = \{u_{-k}, \cdots, u_{-1}\}$ 是字符的上文窗口（窗口大小为 k），n 是网络层数（n 一般为 6），W_e 是字符嵌入矩阵，W_p 是位置嵌入矩阵。

GPT 模型使用两个目标函数进行优化，一个是语言模型的目标函数 $L_1(\mathcal{C})$，另一个是具体任务的目标函数 $L_2(\mathcal{C})$：

$$L_3(\mathcal{C}) = L_2(\mathcal{C}) + \lambda \times L_1(\mathcal{C}) \tag{3-29}$$

这样优化的好处是：

❑ 增强了具体任务模型的泛化能力；
❑ 加快了模型训练收敛的速度。

GPT 与 ULMFit 不同。ULMFit 也有两个类似的目标函数，但是 ULMFit 对两个目标函数是分别优化的。GPT 已经推出了 GPT-2（Radford et al., 2019）、GPT-3（Brown et al., 2020）和 GPT-4（OpenAI, 2023）3 个新版本模型。新模型与旧模型的主要区别在于，新模型在更大的文本语料库上进行训练，而且模型参数更多。GPT-2 采用了多任务学习（第 5 章将介绍）来提高模型的表现。GPT-3 拥有许多新功能和改进，例如零样本学习（zero-shot learning），它可以在没有任何训练数据的情况下执行新任务。此外，GPT-3 还可以生成更长、更复杂和更多样化的文本，例如诗歌、散文和新闻报道。GPT-4 是一个多模态模型，相比 GPT-3 更强大、更灵活，能够处理更复杂和多样化的 NLP 任务。

3.4.8　BERT

GPT 从左到右（或从右到左）单向读写文本，根据上下文内容预测下一个单词，只能编码单向语义。这种语言模型属于自回归（auto regression）语言模型，它无法同时利用双向语义。为了克服这个限制，BERT（bidirectional encoder representations from transformers）模型（Devlin et al., 2018）被提出。BERT 在训练语言模型的过程中，使用 Transformer 编码器来编码目标词的上下文。BERT 通过两个无监督学习任务来训练语言模型，一个是掩码语言模型（masked language model，MLM），另一个是下一句预测（next sentence prediction，NSP）。MLM 任务根据上下文预测被随机掩盖的字符，它的目的是让 BERT 理解被掩盖字符的上下文。这种语言模型属于自编码（auto encoder）语言模型。在训练过程中，文本中有 15% 的字符被随机掩盖来进行预测。在被随机掩盖的字符中，80% 被替换成特殊符号 [MASK]，10% 被替换成任意字符，10% 不变。NSP 是一个二分类任务：判断两个句子是否在原文中连续出现。NSP 的正训练样本来自训练文档中连续出现的两个句子，而负训练样本来自不同文档的句子对，正负训练样本的采样概率是一样的。NSP 任务的目的是让 BERT 理解句子之间的关系。BERT 将 NSP 和 MLM 的目标函数一起优化。BERT 与 GPT 的另一个区别是：BERT 使用字符嵌入（word-piece embedding）而不是词嵌入。

BERT 使用句子分隔符（[SEP]）来分隔句子 A 和句子 B。BERT 在每个序列开始设置分类器符（[CLS]），作为分类的聚集表征（aggregated representation），它用于分类任务。例如，在句子分类任务中，BERT 最后隐藏层的分类器符[CLS]被输入一个 softmax 层得到类别的概率；对于一个序列标注（sequence labeling）任务，BERT 最后隐藏层的每一个字符都用作输入来进行分类。

在 BERT 的基础上，RoBERTa（robustly optimized BERT pretraining approach）模型被提出（Liu et al., 2019）。它仍然使用 BERT 的模型架构进行预训练，但做了如下改进。

- 增加训练数据，延长预训练时间。
- 增大预训练数据的批大小（batch size）。
- 增加预训练输入序列长度，取消预训练中预测下一个句子的任务等。

ALBERT（A Lite BERT）（Lan et al., 2020）也是针对 BERT 的改进模型。它试图解决 BERT 因模型参数多导致训练成本高的问题。ALBERT 为此做了以下改进。

- 字符嵌入参数因式分解（factorized embedding parameterization）。在 BERT 模型中，字符嵌入维度大小 E 和模型隐藏层的维度大小 H 是一样的，即 $E \equiv H$。但是从建模角度来说，字符嵌入本身是学习上下文无关（context-independent）的表征，而隐藏层的嵌入是学习上下文相关（context-dependent）的表征。理论上，H 应该远大于 E。此外，输入嵌入矩阵的大小为 $V \times E$，V 是词典的大小。建模一般需要较大的词典，V 的值较大。增大 H 的大小则需要相应增大 E 的大小。$V \times E$ 导致模型参数太多。所以，ALBERT 提出将字符嵌入参数分解为两个较小的矩阵。这样就不是直接把输入的独热向量映射到隐藏层，而是先映射到一个较小的向量空间 E'，再映射到隐藏层。整个嵌入参数从 $O(V \times H)$ 变成 $O(V \times E' + E' \times H)$。如果 $H \gg E'$，则将减少大量参数。

❑ 隐藏层间参数共享：ALBERT 在 Transformer 中的各个前馈神经网络层之间和各个自注意
  力层之间共享参数。

❑ 句子间顺序预测（sentence order prediction，SOP）：ALBERT 用 SOP 任务代替 BERT 原有
  的 NSP 任务。SOP 任务会判断文档中两个句子有没有调换过顺序。它的正训练样本与 NSP
  类似，来自训练文档中连续出现的两个句子，而负训练样本是将正训练样本的两个句子
  调换顺序。SOP 任务的目的是让 ALBERT 关注句子的连贯性。

3.4.9　T5

Raffel 等人（Raffel et al., 2019）提出了 T5（transfer text-to-text transformer）模型。T5 与 BERT
和 GPT 类似，都是基于 Transformer 的预训练模型。它的特点在于将所有 NLP 任务变为文本到文
本的转换问题，即将输入和输出都表示为文本，这种统一的表示方式使得 T5 非常灵活和可扩展，
只需要修改输入和输出的格式，就可以使用 T5 处理多种 NLP 任务，如自动问答、文本摘要、机
器翻译和文本分类等。

T5 采用了自回归模型和自编码模型相结合的方式，使用 Transformer 编码器–解码器架构来
训练模型。它的预训练过程分别使用了自监督学习和监督学习训练了多种 NLP 任务。自监督学
习任务使用谷歌的开放语料 C4（大小约 750 GB）来训练与 BERT 类似的掩码语言模型，即根据
上下文去预测被随机掩盖的字符。监督学习任务则根据多项 NLP 任务的训练数据对 T5 进行了微
调。为了将多项 NLP 任务变成文本到文本的格式，T5 对不同 NLP 任务定义了不同的前缀（prefix）。
例如，对于情感分类任务，T5 的训练输入为"识别句子的情感倾向：这家餐馆很不错"，输出为
"正面"，输入中的"识别句子的情感倾向"为前缀；对于机器翻译任务，T5 的训练输入为"翻
译为中文："the book is good""，输出为"这本书很好"，输入中的"翻译为中文"为前缀。这些前
缀可以将 T5 需要处理的任务用文本表达，用于指导 T5 生成特定类型的输出文本。

3.5　跨语言的词嵌入模型

目前，世界上有 7000 多种自然语言。但是对于很多 NLP 任务，仅有少量语言有人工标注数
据。如何根据某些语言的词嵌入学习别的语言的词嵌入？这就引出了词嵌入的跨语言学习问题。
跨语言词嵌入（cross-lingual word embedding）是指将不同语言的词嵌入映射到共同的语义空间，
使得含义一样但来自不同语言的词具有相同的向量表征。图 3-11 展示了不同语言词嵌入的对齐过

程，左图是没有对齐的两种语言在空间中的展示，右图是两种语言被映射到共同的语义空间。

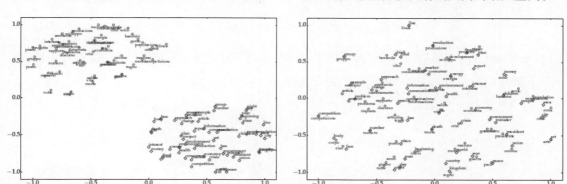

图 3-11　不同语言词嵌入的对齐过程［图片来自（Ruder et al., 2017）］

跨语言的词嵌入的主要好处是可以在多语言之间进行知识迁移。少资源的语言（即标注数据少的语言）可以利用多资源的语言（即标注数据多的语言）的数据训练的模型。例如，在某种文本分类任务中，存在大量的英文标注数据，而中文数据很少。利用跨语言的词嵌入，我们可以利用英文数据来进行文本分类，缓解中文训练数据少的问题，而且这有助于训练通用语言模型，即一个模型可以应用在多种语言上。

跨语言词嵌入按照对齐方式分为基于词对齐、基于句子对齐、基于文档对齐（Ruder et al., 2017）和基于预训练的方法。下面，我们主要介绍基于词对齐和基于预训练的方法。

3.5.1　基于词对齐

基于词对齐的方法是跨语言词嵌入方法的基础。在基于词对齐的方法中，包含基于平行语料的方法和基于无监督学习的方法等。近些年，无监督学习方法是跨语言词嵌入对齐研究的热点。

基于平行语料的回归方法（Mikolov et al., 2013b）是基于词对齐的代表方法，其核心思想是源语言的单词和目标语言的单词在嵌入空间中的分布情况比较相像。如图 3-12 所示，英文和西班牙文的数字和动物单词在嵌入空间中特别近。基于这一观察，Mikolov 等人提出学习一个从源语言到目标语言的线性变换矩阵（linear transformation matrix）$\boldsymbol{W}^{s\rightarrow t}$。方法是从源语言中选择 n 个最常见的词 $w_1^s, \cdots, w_n^s$ 及其翻译 $w_1^t, \cdots, w_n^t$ 作为种子词来学习线性映射。该映射会最小化两种表示之间的均方误差（mean squared error，MSE），如式(3-30)所示：

$$\Omega_{\mathrm{MSE}} = \sum_{i=1}^{n} \left\| \boldsymbol{W} x_i^s - x_i^t \right\|^2 \tag{3-30}$$

其损失函数定义如下：

$$J = L_{\text{SGNS}}(X^s) + L_{\text{SGNS}}(X^t) + \Omega_{\text{MSE}}(X^s, X^t, \boldsymbol{W}) \tag{3-31}$$

L_{SGNS} 表示 skip-gram 模型的损失，其将源语言和目标语言的词嵌入分别优化。在源语言和目标语言优化固定以后，Ω_{MSE} 进一步优化，得到映射矩阵。

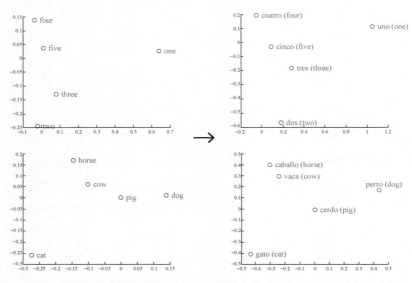

图 3-12　基于平行语料的回归方法［图片来自（Mikolov et al., 2013b）］

Conneau 等人（Conneau et al., 2017）提出了一种基于无监督学习的词嵌入映射方法。其主要思想是首先使用对抗训练将两种语义空间对齐，然后使用迭代的方式一步步更新学习到的映射矩阵。

3.5.2　基于预训练的方法

Devlin 等人（Devlin et al., 2018）提出了 mBERT（multilingual BERT）。它直接使用了包含 104 种语言的 Wikipedia 数据进行训练，语言之间共享词嵌入。mBERT 在多个跨语言任务上表现优异。

Lample 和 Conneau（Lample and Conneau, 2019）提出了三种方法来学习跨语种语言模型（cross-lingual language model，XLM），它们分别是 CLM（casual language modeling）、MLM（masked language modeling）和 TLM（translation language modeling）。CLM 直接使用 Transformer

来预测下一个词；MLM 提出了类似于 mBERT 的方法，将输入语句掩盖一些词，再使用模型预测被掩盖的词；TLM 是 MLM 的一个扩展，它的输入不是单语言句子，而是平行语料句子，过程如图 3-13 所示。TLM 随机掩盖源句或者目标句中的词。例如，为了预测英文输入中被掩盖的词，英文的上下文和对应法文翻译的上下文都会被使用，这样促进了英文和法文词表征的对齐。

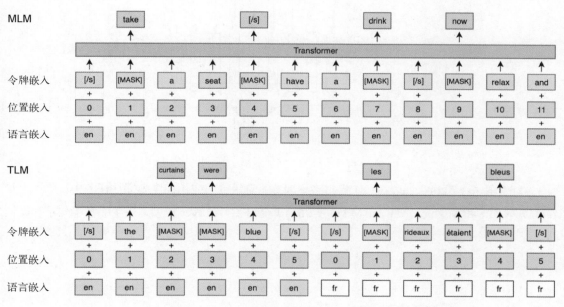

图 3-13　MLM 和 TLM 比较［图片来自（Lample and Conneau, 2019）］

Conneau 等人（Conneau et al., 2019）提出了 XLM-R（XLM with RoBERTa）。它是基于 RoBERTa 的跨语种语言模型。

Schuster 等人（Schuster et al., 2019）训练了跨语言的上下文嵌入，它在句子依赖解析的零样本学习（zero-shot learning）和小样本学习（few-shot learning）任务中取得了不错的效果。

3.6　其他表征

除了词表征，字符表征也是非常重要的表征。字符表征可以表示词的形态信息，例如词的前缀和后缀。另外，字符表征也可以表示词典外的新词的信息。Ma 和 Hovy（Ma and Hovy, 2016）提出用 CNN 生成字符表征。他们将词表征和字符表征结合在一起，应用在序列学习中。他们提出的模型如图 3-14 所示。

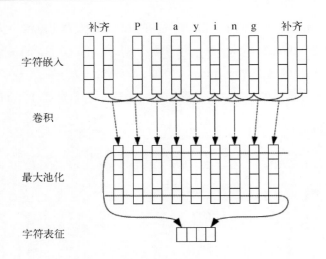

图 3-14　CNN 生成字符表征 [图片来自（Ma and Hovy, 2016）]

Akbik 等人（Akbik et al., 2018）提出将预训练字符级嵌入应用在序列标注任务中。除了字符表征以外，Le 和 Mikolov（Le and Mikolov, 2014）提出了 Doc2Vec 模型，来生成基于句子和文档的表征。

第 4 章

注意力机制

深度学习的注意力（attention）机制是指神经网络在处理输入信息的过程中，聚焦目标任务的关键信息，降低对其他信息的关注度，以此提高目标任务的处理效率和准确度。它的出现受到了动物视觉注意力机制的启发。对接收到的图像，动物的视觉神经能定位到图像的特定区域并使用"高分辨率"来进行分析，而对其他区域使用"低分辨率"观察，这样能迅速获取重要细节信息，进而理解图像。人类对文本的理解也存在类似的情况。人们会下意识地使用注意力机制来理解句子中词与词之间的关系。如图 4-1 中的例句，"我正在吃甘肃产的绿皮哈密瓜"。在句中，人们读到动词"吃"，就会特别注意表示食物的词"哈密瓜"，而不太关心修饰"哈密瓜"的词"绿皮"。对应于 NLP，神经网络的注意力机制会将较大的权重分配给文本中的重要文字，而将较小的权重分配给其他文字。

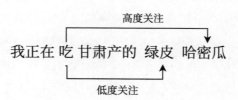

图 4-1　文本理解中的注意力机制

4.1　注意力机制的由来

在 NLP 任务中，注意力机制首先应用在基于神经网络的机器翻译模型中（Sutskever et al., 2014；Cho et al., 2014），用来解决翻译的长程依赖问题。

当前主流的机器翻译模型是神经网络的序列到序列（Sequence-to-Sequence，Seq2Seq）模型。顾名思义，它是一种将一个序列转化为另一个序列的模型。Seq2Seq 模型架构主要由编码器和解码器构成，编码器和解码器可以使用循环神经网络（如 RNN、LSTM 或 GRU）。图 4-2 是 Seq2Seq 模型对英文-中文机器翻译的应用示意图。它的主要步骤是：

(1) 编码器首先将英文的输入序列信息编码成固定长度的上下文向量；

(2) 然后解码器将该上下文向量作为输入，解码生成中文的输出序列。

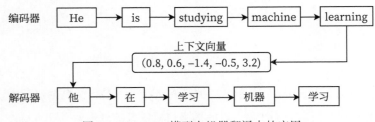

图 4-2　Seq2Seq 模型在机器翻译中的应用

但是传统的 Seq2Seq 模型在机器翻译中仍然存在不足之处，它仅使用编码器输出的上下文向量（即编码器 RNN 的最终隐藏状态）来作为解码器的初始状态。由于 RNN 的特性，这个固定长度的上下文向量与输入句子的后段关联较大，而与前段关联较小，因而此上下文向量很难"记住"较长句子的所有信息。当处理完整个句子输入时，Seq2Seq 模型的编码器会"忘掉"输入的前段，这样无法很好地处理输入句子中词之间的长程依赖问题。

针对上述问题，Bahdanau 等人（Bahdanau et al., 2015）提出在 Seq2Seq 模型中引入注意力机制，其主要目的是帮助编码器"记住"输入较长的句子。编码器最终的隐藏状态不再是输出的一个上下文向量，而是上下文向量和原句子中每个词的关系连接。这些关系连接都有各自的权重，权重高表示上下文向量与原句子中的词关系紧密，权重低表示关系不太紧密。由于上下文向量可以由此连接到原句子的整个输入，因此大大缓解了"忘记"输入句子前段的问题。图 4-3 显示了注意力机制在编码器双向 RNN 中的应用。每个编码器的输出向量是基于所有输入状态（从 h_1 到 h_T）的加权，$\alpha_{t,T}$ 定义了输出向量对应每个输入状态的权重。如果 $\alpha_{2,2}$ 是一个较大的值，就表示解码器在输出句子的第二个词时，特别注意到了输入句子中的第二个状态 h_2。所有权重 $\alpha_{t,T}$ 相加的和为 1。

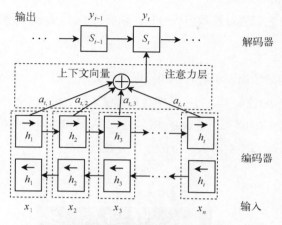

图 4-3   在编码器双向 RNN 中引入注意力机制

依照图 4-3，Seq2Seq 编码器的注意力机制可以表述如下：假设输入序列 $x = [x_1, x_2, \cdots, x_n]$ 和输出序列 $y = [y_1, y_2, \cdots, y_m]$，Seq2Seq 中的每个词都有一个前向隐藏状态 $\vec{h}_i$ 和一个反向隐藏状态 $\overleftarrow{h}_i$。我们将两者的向量拼接来表征该词的上下文，如式(4-1)所示：

$$\boldsymbol{h}_i = [\vec{h}_i^{\mathrm{T}}; \overleftarrow{h}_i^{\mathrm{T}}]^{\mathrm{T}}, \quad i = 1, \cdots, n \tag{4-1}$$

Seq2Seq 解码器中位置 t 的输出词的隐藏状态是 $s_t = f(s_{t-1}, y_{t-1}, \boldsymbol{c}_t)$，$t = 1, \cdots, m$，其中 $\boldsymbol{c}_t$ 是编码器输出的上下文向量。它是输入序列隐含向量 $\boldsymbol{h}_i$ 的加权和，如式(4-2)所示：

$$c_t = \sum_{i=1}^{n} \boldsymbol{a}_{t,i} \boldsymbol{h}_i, \text{ s.t. } \sum_{i=1}^{i=n} \boldsymbol{a}_{t,i} = 1 \tag{4-2}$$

式(4-2)中的权重 $\boldsymbol{a}_{t,i}$ 被称为校准分数（alignment score），表示输出词 y_t 和输入词 x_i 的"契合"程度，即每个输出词所对应的输入词的权重。它的值由式(4-3)计算：

$$
\begin{aligned}
\boldsymbol{a}_{t,i} &= \text{alignment}(y_t, x_i) \\
&= \frac{\exp(\text{score}(s_{t-1}, \boldsymbol{h}_i))}{\sum_{i'=1}^{n} \exp(\text{score}(s_{t-1}, \boldsymbol{h}_{i'}))}
\end{aligned}
\tag{4-3}
$$

一对输出状态 s_t 和输入状态 $\boldsymbol{h}_i$ 的分数 $\text{score}(s_t, \boldsymbol{h}_i)$ 可以通过一个前馈神经网络得到，如式(4-4)所示：

$$\text{score}(s_t, \boldsymbol{h}_i) = \boldsymbol{v}_a^{\mathrm{T}} \tanh(\boldsymbol{W}_a[s_t; \boldsymbol{h}_i]) \tag{4-4}$$

v_a 和 W_a 都是权重矩阵，它们通过模型训练得到。该前馈神经网络作为整个网络的一个模块参与训练。

校准分数矩阵 $a_{t,i}$ 能清楚地表示输入词和目标词的关系。图 4-4 展示了在机器翻译中输入英文词和输出法文词的校准分数关系，其中横轴是英文输入词，纵轴是法文输出词。图中色块的深浅表示输入词和输出词之间的关系：色块越浅，表示输入词和输出词的校准分数越高，注意力越强，例如英文词 agreement 和法文词 accord 的校准分数就很高。

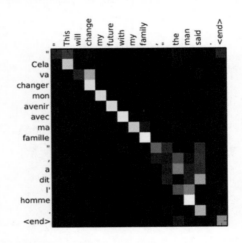

图 4-4   机器翻译中输入词和输出词的关系［图片来自（Bahdanau et al., 2015）］

4.2   注意力机制的扩展

Seq2Seq 编码器使用注意力机制在机器翻译任务中取得了巨大的成功。Luong 等人（Luong et al., 2015）针对 Seq2Seq 模型提出了两种新的注意力机制：全局注意力和局部注意力。全局注意力与 Bahdanau 等人（Bahdanau et al., 2015）提出的注意力方法类似，但更为简单。2017 年，Vaswani（Vaswani et al., 2017）等人提出 Transformer 来代替 RNN 作为 Seq2Seq 模型的编码器和解码器进行机器翻译，取得了很好的效果。Transformer 编码器和解码器使用了自注意力机制。

4.2.1   全局注意力和局部注意力

在机器翻译任务中，全局注意力机制是指 Seq2Seq 解码器会考虑原输入序列中所有位置单词的状态来进行解码。全局注意力的示意图如图 4-5 所示。

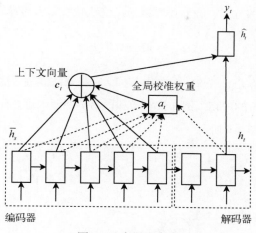

图 4-5 全局注意力

从图 4-5 中可以看出，解码器为了预测当前输出 y_t，需要两个输入：解码器目标输出的隐藏状态 h_t 和编码器输出的上下文向量 c_t。h_t 和 c_t 连接后通过非线性转换得到 $\tilde{h}_t$，如式(4-5)所示：

$$\tilde{h}_t = \tanh\left(W_c\left[c_t; h_t\right]\right) \tag{4-5}$$

$\tilde{h}_t$ 再通过一个 softmax 函数就可以预测当前输出的分布：

$$p(y_t \mid y_{<t}, x) = \text{softmax}(W_s \tilde{h}_t) \tag{4-6}$$

全局注意力机制在生成上下文向量 c_t 时，需要考虑编码器的所有隐藏状态，类似于先前介绍的 Bahdanau 等人的方法（Bahadnau et al., 2015）。在这个模型中，一个变长的对齐向量 a_t 通过比较当前目标输出隐藏状态 h_t 和各个原输入隐藏状态 $\tilde{h}_s$ 得到：

$$\begin{aligned}
a_t(s) &= \text{alignment}(h_t, \tilde{h}_s) \\
&= \frac{\exp(\text{score}(h_t, \overline{h}_s)}{\sum_{s'}\exp(\text{score}(h_t, \overline{h}_{s'}))}
\end{aligned} \tag{4-7}$$

这里的 score 函数可以选择以下三种方法，如式(4-8)所示：

$$\text{score}\left(h_t, \overline{h}_s\right) = \begin{cases} h_t^{\mathrm{T}} \overline{h}_s \\ h_t^{\mathrm{T}} W_a \overline{h}_s \\ v_a^{\mathrm{T}} \tanh\left(W_a\left[h_t; \overline{h}_s\right]\right) \end{cases} \tag{4-8}$$

除了以上几种计算 a_t 的方式，我们还可以通过隐藏状态 h_t 直接计算：

$$a_t = \mathrm{softmax}(W_a h_t) \tag{4-9}$$

全局注意力机制的缺点是，对每一个输出单词，它必须注意输入序列中的所有单词，因此整个过程的计算量巨大，较长的序列（例如长句子和段落）翻译困难。针对这个问题，局部注意力机制被提出，其示意图如图 4-6 所示。

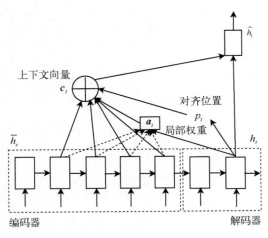

图 4-6　局部注意力

局部注意力机制是选择性将"注意力"集中在上下文的一个窗口，避免了使用全局注意力机制造成的大量计算，易于训练。它先为每个在时间 t 的目标输出词生成一个对齐位置 p_t，再根据 p_t 生成窗口 $[p_t - D, p_t + D]$。上下文向量 c_t 就是这个窗口中输入序列隐含向量 h_i 的加权和。局部对齐向量 a_t 变成了固定维度 $\mathbb{R}^{2D+1}$。

对于 p_t 的选择，我们有两种方式：单调对齐（monotonic alignment）和预测对齐（predictive alignment）。在单调对齐方式下，$p_t = t$。我们假设原序列和目标序列大致对齐。a_t 可按式(4-8)计算。在预测对齐方式下，模型预测对齐位置，如式(4-10)所示：

$$p_t = S \cdot \mathrm{sigmoid}\left(v_p^{\mathrm{T}} \tanh\left(W_p h_t\right)\right) \tag{4-10}$$

W_p 和 v_p 是模型参数，S 是原句子长度。根据式(4-10)，$p_t \in [0, S]$。为使 p_t 附近的词更重要，我们可以放置一个正态分布在 p_t 周围。所有对齐权重可以定义如下：

$$\boldsymbol{a}_t(s) = \text{alignment}\left(h_t, \overline{h}_s\right) \exp\left(-\frac{(s-p_t)^2}{2\sigma^2}\right) \tag{4-11}$$

$\sigma = \dfrac{D}{2}$，p_t 是一个实数，s 是 p_t 窗口内的一个整数。

4.2.2 自注意力

自注意力也称内部注意力（intra attention），它是指对一个输入序列"注意"其中不同部分之间的联系，用来生成该输入序列的表征。

Cheng 等人（Cheng et al., 2016）认为 LSTM 很难处理长文本输入的长程依赖问题的主要原因有两个：

(1) LSTM 记忆单元容量太小，性能不足；

(2) LSTM 对输入文本的处理是单个字符的顺序处理，并没有一个机制去描述输入文本的结构和输入字符之间的关系。

针对上述问题，Cheng 等人提出了 LSTMN（long short-term memory-network）模型。它的基本思想是将 LSTM 的记忆单元替换成记忆网络，对每个输入字符都保存一个表征在一个记忆模块里，这样可以基于各个记忆模块建立一个新的注意力层，去描述各个输入模块之间的关系。

LSTMN 的注意力层采用了自注意力机制。在 LSTMN 中每个输入字符都有一个隐含向量和一个记忆向量。假设 x_t 代表当前输入，$H_{t-1} = (h_1, \cdots, h_{t-1})$ 代表以前输入字符的隐藏状态。在时间步 t，LSTMN 按照如下公式计算当前输入 x_t 和其之前输入 $x_1, \cdots, x_{t-1}$ 之间的关系：

$$a_i^t = v^{\text{T}} \tanh\left(\boldsymbol{W}_h h_i + \boldsymbol{W}_x x_t + \boldsymbol{W}_{\tilde{h}} \tilde{h}_{t-1}\right) \tag{4-12}$$

$$s_i^t = \text{softmax}(a_i^t) \tag{4-13}$$

式(4-12)中，$\boldsymbol{W}_h$、$\boldsymbol{W}_x$ 和 $\boldsymbol{W}_{\tilde{h}}$ 均为参数，$\tilde{h}_{t-1}$ 为时间步 $t-1$ 时，以前输入字符的隐藏状态的总结。式(4-13)中，s_i^t 为对之前输入字符隐藏状态的注意力概率分布值，例如 s_1^t 表示当前输入 x_t 对 x_1 的注意力概率。

图 4-7 显示了自注意力机制能学习输入句子中当前词与之前词的关系。灰色的词代表当前的词，有阴影的词代表灰色的词所注意的词，阴影的深浅代表注意的程度。

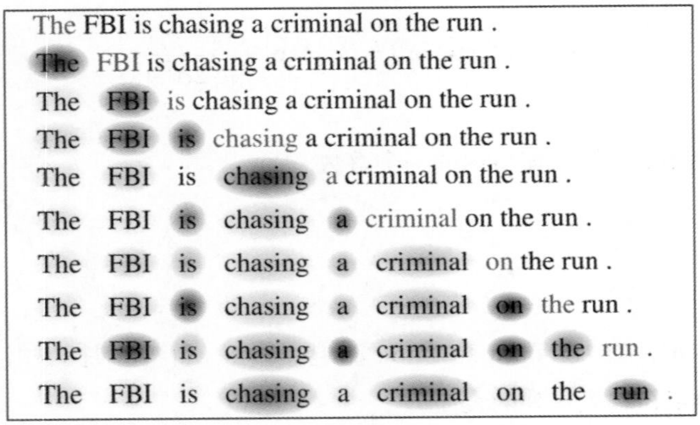

图 4-7 自注意力机制［图片来自（Cheng et al., 2016）］

本书 2.8 节介绍的 Transformer（Vaswani et al., 2017）也使用了自注意力机制，其编码器和解码器中包含多头自注意力（multi-head self-attention）的计算模块。对输入序列中的每个词，Transformer 生成三个不同的向量，分别是查询向量（query vector）、键向量（key vector）和值向量（value vector）。这三个向量是 Transformer 的模型参数，可以通过模型训练获得。

假设对输入序列位置为 i 的词 w_i，Transformer 生成相应的注意分数（attention score）。这个注意分数决定了 Transformer 在编码位置为 i 的词 w_i 需要如何注意输入序列中其他位置的词。该注意分数是 w_i 的查询向量 q 与其他词（包括本身）的键向量 k 相乘得到的。例如，w_i 对本身的注意分数为 $q_i \times k_i$，它对输入序列中第二个词的注意分数为 $q_i \times k_2$，等等。下一步，Transformer 会将 w_i 各个位置的注意分数除以 $\sqrt{d_k}$（d_k 是查询向量和键向量的维度，做除法的目的是使梯度计算更加稳定），得到的新值再通过 softmax 函数得到权重值，权重值再乘以值向量得到新的值向量。最后，各个位置的值向量相加，得到了输入序列位置 i 的自注意力层输出。式(4-14)表示了位置为 i 的词对位置为 j 的词的注意力值向量：

$$\text{Attention}\left(Q_i, K_j, V_i\right) = \text{softmax}\left(\frac{Q_i K_j^{\mathrm{T}}}{\sqrt{d_k}}\right) V_i \tag{4-14}$$

式(4-14)中 Q、K、V 分别指的是查询向量、键向量和值向量。查询、键和值的概念来自信息检索系统。比如，当搜索文档时，搜索引擎会将查询结果和一些候选文档的键（即文档标题、描述等）进行比对，然后返回值（即匹配的文档）。

假设输入序列包含 3 个词"自然""语言""处理"，图 4-8 展示了第一个词"自然"对其他词的注意力向量计算过程。这种注意力机制也称缩放点积注意力（scaled dot product attention）机制，输出值是值向量的加权和。每个值向量的权重由查询向量和键向量的点积决定。

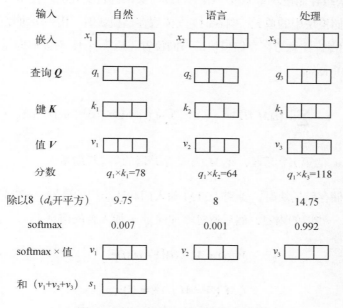

图 4-8　Transformer 的自注意力计算

Transformer 采用了多头自注意力机制。它使用了 8 个不同的 Q、K、V 向量来计算缩放点积注意力。因此，注意力层会有 8 个不同的输出向量矩阵。Transformer 将这 8 个输出向量矩阵连接，乘以一个权重矩阵 W，再输入前馈神经网络层，如式(4-15)所示：

$$\text{MultiHead}(\boldsymbol{Q}, \boldsymbol{K}, \boldsymbol{V}) = \left[\text{head}_1, \cdots, \text{head}_8\right]\boldsymbol{W} \tag{4-15}$$

式(4-15)中，$\text{head}_i = \text{Attention}(\boldsymbol{Q}\boldsymbol{W}_i^Q, \boldsymbol{K}\boldsymbol{W}_i^K, \boldsymbol{V}\boldsymbol{W}_i^V)$，所有的 W 都是 Transformer 需要学习的参数。

多头自注意力使得自注意力层有多个表征子空间（representation subspace），每个头能注意输入序列中的不同部分，例如，有的头注意长期依赖，而有的头注意短期依赖。

4.3　NTM 和 MemNN 的注意力机制

本书 2.5 节介绍了神经网络图灵机（NTM）和记忆网络（MemNN）。两者都使用了外部记忆单元，其模型或模型扩展也使用了注意力机制。

4.3.1　NTM 的注意力机制

NTM 的控制头跟存储模块是通过一组平行读写头来进行交互的。控制头的读写都使用了注意力机制来操作存储模块中的单元。当在时间 t 读取存储模块时，用一个维度为 N 的注意力向量 w_t 来控制需要分配多少注意力在存储模块的不同位置（矩阵行）。而读取向量 r_t 是注意力程度的加权和，如式(4-16)所示：

$$r_t = \sum_{i=1}^{N} w_t(i) M_t(i) \qquad \text{s.t.} \quad \sum_{i=1}^{N} w_t(i) = 1, \forall i : 0 \leqslant w_t(i) \leqslant 1 \tag{4-16}$$

式(4-16)中 $w_t(i)$ 是 w_t 的第 i 个元素，而 $M_t(i)$ 是存储器的第 i 行向量。

当在时间 t 存储存储模块时，受到 LSTM 输入门和遗忘门的启发，NTM 的一个写头首先根据删除向量 e_t 删除一些旧的内容，然后通过增加向量 a_t 加入新的信息：

$$\tilde{M}_t(i) = M_{t-1}(i)\big[1 - w_t(i)e_t\big] \tag{4-17}$$

$$M_t(i) = \tilde{M}_t(i) + w_t(i)a_t \tag{4-18}$$

式(4-17)是删除操作，式(4-18)是增加操作。

NTM 使用基于内容和基于位置的混合注意力机制。基于内容的注意力机制是指，NTM 通过计算输入向量和从存储模块中取出的值向量的相似度来生成注意力向量。其注意分数通过内容相似度（例如余弦相似度）来计算并通过 softmax 函数来归一化：

$$w_t^c(i) = \text{softmax}\Big(\beta_t \cdot \cos\big[k_t, M_t(i)\big]\Big) = \frac{\exp(\beta_t \dfrac{k_t \cdot M_t(i)}{\|k_t\| \cdot \|M_t(i)\|})}{\sum_{j=1}^{N} \exp(\beta_t \dfrac{k_t \cdot M_t(j)}{\|k_t\| \cdot \|M_t(j)\|})} \tag{4-19}$$

式(4-19)中 k_t 为输入向量，而 $M_t(i)$ 是存储模块中的存储单元，β_t 是模型参数。

一个门标量 g_t（interpolation gate）的大小在 0 和 1 之间，用来混合当前基于内容的注意力向量 w_t^c 和上一步生成的注意力向量 w_{t-1}，如式(4-20)所示：

$$w_t^g = g_t w_t^c + (1 - g_t)w_{t-1} \tag{4-20}$$

当 g_t 为 0 时，基于内容的注意力权重为 0，上一步的注意力权重被使用；当 g_t 为 1 时，NTM 只使用基于内容的注意力权重。

接下来，NTM 会使用基于位置的注意力机制，它将注意力向量 $\boldsymbol{w}_t^g$ 按不同位置的值重新加权，而位置的权重由一个权重分布 $s_t(.)$ 决定，具体如式(4-21)所示：

$$\tilde{\boldsymbol{w}}_t(i) = \sum_{j=0}^{N-1} \boldsymbol{w}_t^g(j) s_t(i-j) \tag{4-21}$$

例如，权重分布 $s_t(-1) = 0.2$，$s_t(0) = 0.6$，$s_t(1) = 0.2$，表示注意力权重在上一个位置和下一个位置都分配了 0.2 的权重，而对本身分配了 0.6 的权重。最后，注意力的分布会乘以一个锐化标量（sharpening scalar），其值 $\gamma_t \geqslant 1$。

$$\boldsymbol{w}_t(i) = \frac{\tilde{\boldsymbol{w}}_t(i)^{\gamma_t}}{\sum_{j=1}^{N} \tilde{\boldsymbol{w}}_t(j)^{\gamma_t}} \tag{4-22}$$

综合以上各个步骤，图 4-9 展示了 NTM 在时间步 t 生成注意力向量 $\boldsymbol{w}_t$ 的完整过程。

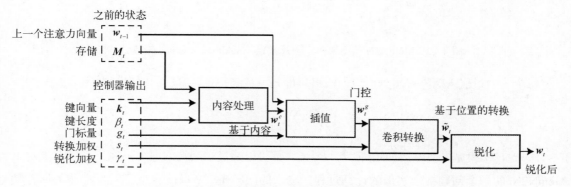

图 4-9　NTM 的注意力向量生成［图片来自（Graves et al., 2014）］

4.3.2　MemN2N 的注意力机制

在 MemNN 的基础上，一个端到端的记忆网络 MemN2N（Sukhbaatar et al., 2015）被提出。与 MemNN 不同，MemN2N 不需要提供支持句的标注，可以通过反向传播算法直接进行端到端的训练。它的 Output 模块使用了注意力机制，并且包含多个计算层，比单个计算层更能发现文本支持证据。

MemN2N 模型架构如图 4-10 所示。模型的输入是问题 q 和事实句子集合 $\{x_i\}$，输出是预测的回答 $\hat{a}$。中间的 Output 模块包含三个计算层。图 4-10a 显示了一个计算层的具体计算过程，输入事实句子集合 $\{x_i\}$ 通过嵌入矩阵 A 转化成记忆向量 $\{m_i\}$，问题 q 通过嵌入矩阵 B 生成向量 μ。在嵌入空间，我们通过 μ 和 m_i 的内积来计算两者的相似度，再通过 softmax 函数得到 p_i：

$$p_i = \text{softmax}(\boldsymbol{u}^{\text{T}} \boldsymbol{m}_i) \tag{4-23}$$

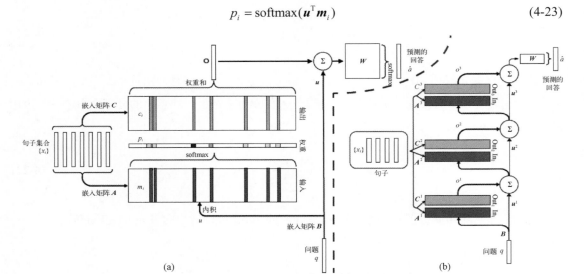

图 4-10　MemN2N 模型架构［图片来自（Sukhbaatar et al., 2015）］

每个 x_i 通过嵌入矩阵 C 得到对应的输出向量 c_i。最终整个计算层的输出 o 为：

$$o = \sum_i p_i \boldsymbol{c}_i \tag{4-24}$$

MemN2N 模型参数，例如矩阵 A、B、C，都可以通过端到端的训练得到。表 4-1 展示了 MemN2N 的一个问题推理实例的计算过程，输入的问题是 "Where is John?"，期望的回答是 "bathroom"。

表 4-1　MemN2N 计算过程

事实句子	层 1 的 p 值	层 2 的 p 值	层 3 的 p 值
Daniel went to the bathroom	0.00	0.00	0.03
Mary travelled to the hallway	0.00	0.00	0.00
John went to the bedroom	0.37	0.02	0.00
John travelled to the bathroom	0.60	0.98	0.96
Mary went to the office	0.01	0.00	0.00

从表 4-1 中可以看出，MemN2N 在每个计算层对不同的事实句子给予不同的权重，问题答案的支持句"John travelled to the bathroom"，在注意力机制的作用下，在每个计算层的权重都比较高。

Kumar 等人（Kumar et al., 2016）提出了动态记忆网络。与 MemN2N 类似，它也使用了注意力机制来实现端到端的模型。不过在 Output 模块，动态记忆网络的具体实现与 MemN2N 不同。

4.4　指针网络的注意力机制

指针网络（pointer network，Ptr-Net）（Vinyals et al., 2015）是一种特殊的 Seq2Seq 模型。它使用一种注意力机制，解决了一些传统 Seq2Seq 函数很难处理的"输出依赖输入"问题。这种问题是指问题输出序列的大小是由输入序列的大小决定的，例如发现凸包问题。给定一组二维坐标系内的点，我们需要找出部分点，将它们连接起来构成凸多边形来包含原来所有给定的点，这个凸多边形就被称为凸包。假设输入序列是 $\{P_1, P_2, \cdots, P_7\}$，输出序列是凸包 $\{P_2, P_4, P_3, P_5, P_6, P_7, P_2\}$，"输出依赖输入"是指输出的凸包 $\{P_2, P_4, P_3, P_5, P_6, P_7, P_2\}$ 是从原输入序列 $\{P_1, P_2, \cdots, P_7\}$ 中提取出来的。如果输入序列变成 $\{P_1, \cdots, P_{1000}\}$，那么输出序列就需要从 $\{P_1, \cdots, P_{1000}\}$ 中提取。两个输入序列 $\{P_1, P_2, \cdots, P_7\}$ 和 $\{P_1, \cdots, P_{1000}\}$ 的凸包序列输出都依赖各自的输入序列长度，输出的结果不同。

不同于其他的注意力机制将输入信息通过编码器生成上下文向量，Ptr-Net 的注意力机制是通过"指针"来选择原输入序列中的元素的。给定序列输入向量 $\boldsymbol{x} = (x_1, \cdots, x_n)$ 和 $1 \leqslant c_i \leqslant n$，Ptr-Net 输出一系列整数值，$c = (c_1, \cdots, c_m)$。Ptr-Net 依然保持了 Seq2Seq 编码器和解码器的架构，编码器和解码器的隐藏状态分别表示为 $(e_1, \cdots, e_n)$ 和 $(d_1, \cdots, d_m)$。Ptr-Net 直接通过 softmax 函数指向输入序列中最有可能的输出元素，如式(4-25)所示：

$$
\begin{aligned}
y_i &= p\big(c_i \big| c_1, \cdots, c_{i-1}, x\big) \\
&= \mathrm{softmax}\big(\mathrm{score}\big(e_i; d_i\big)\big) \\
&= \mathrm{softmax}\big(\boldsymbol{v}_a^{\mathrm{T}} \tanh\big(\boldsymbol{W}_a \tanh\big(\boldsymbol{W}_a[e_t; d_i]\big)\big)\big)
\end{aligned} \tag{4-25}
$$

式(4-25)中 $\boldsymbol{v}_a^{\mathrm{T}}$ 和 $\boldsymbol{W}_a$ 为可学习参数。Ptr-Net 的注意力机制并没有用注意力权重来混合编码器状态产生输出，它仅通过 softmax 函数选出指针指向的位置。从这种意义上说，Ptr-Net 的输出仅依赖输入位置而不是输入内容。

在凸包问题中，Ptr-Net 与传统 Seq2Seq 模型之间注意力机制的比较如图 4-11 所示。输入序列为 { P_1, P_2, P_3, P_4 }，该序列的凸包是 { P_1, P_4, P_2, P_1 }。图 4-11 左图是使用传统 Seq2Seq 模型的注意力机制，而右图是 Ptr-Net 的。可以看出，与传统 Seq2Seq 模型不同，Ptr-Net 利用 softmax 函数（其分布词典的大小是输入序列的大小）得到"指针"，然后从原输入序列中"指出"输出值，发现凸包。

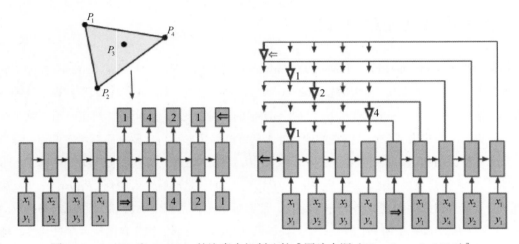

图 4-11　Ptr-Net 和 Seq2Seq 的注意力机制比较 ［图片来源（Vinyals et al., 2015）］

指针网络及其注意力机制已经应用于神经机器翻译系统（Gulcehre et al., 2016）、语言模型（Merity et al., 2016）和文本摘要（ Gu et al., 2016；Nallapati et al., 2016；See et al., 2017；Chen et al., 2018）等 NLP 任务中。

第 5 章

迁移学习

深度学习通常需要大量训练数据来发现数据特征，进而建立模型。然而，很多任务会遇到训练数据不足甚至不存在的情况。采用人工标注的方法来收集数据费时费力，使得收集大量训练数据比较困难。针对新任务缺乏训练数据的问题，迁移学习（transfer learning）被提出。它的主要思想如图 5-1 所示。它将现有任务（源域）模型中的知识迁移到新任务（目标域）模型中，使得新任务模型的训练不用收集大量数据从头学习，提高了学习效率。例如，在城市交通流量预测任务中，我们收集到北京市的大量交通数据，训练了模型来预测北京市的交通瓶颈和拥堵情况。即使我们只有少量甚至没有其他城市的交通数据，也可以通过迁移学习将这个模型学到的知识应用到其他城市的交通流量预测任务中。由于神经网络的架构特别适合利用迁移学习，因此基于神经网络的深度迁移学习是当前学术界和工业界的研究热点。

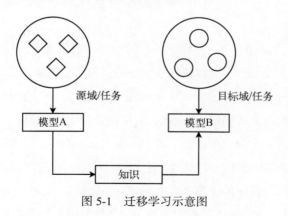

图 5-1　迁移学习示意图

5.1　迁移学习的定义和分类

迁移学习（Pan and Yang, 2009）的定义涉及领域和任务两个概念。领域 $\mathcal{D}$ 被视为一个三元

组 $(\mathcal{X},\mathcal{Y},p)$，其中 $\mathcal{X}$ 表示输入，$\mathcal{Y}$ 表示输出，p 表示与输入输出相关的概率分布。输入 $\boldsymbol{x}_i$ 是 D 维实数空间 $\mathbb{R}^D$ 的子集，称为特征向量，也称特征空间 $\mathcal{F}$ 中的点，$\mathcal{X}=\{x_1,\cdots,x_i,\cdots,x_n\}\in\mathcal{F}$。输出 $\mathcal{Y}$ 表示类别，可以是二分类 $\mathcal{Y}=\{-1,+1\}$ 或者多分类 $\mathcal{Y}=\{1,\cdots,K\}$。$p(x)$ 表示输入的边缘分布，$p(x,y)$ 表示输入和输出的联合分布。给定一个领域 $\mathcal{D}$，任务 $\mathcal{T}$ 被视为一个 $(\mathcal{Y},f(\cdot))$ 构成的二元组。同样，$\mathcal{Y}$ 是输出，$f(\cdot)$ 是从 $(\boldsymbol{x}_i,y_i)$ 中学习到的函数，其中 $\boldsymbol{x}_i\in X$，$y_i\in\mathcal{Y}$。$f(\cdot)$ 一般是 $p(\mathcal{Y}\,|\,X)$，即给定输入 X，预测输出 $\mathcal{Y}$ 的概率。以 NLP 任务为例，X 是一个输入文本，$\mathcal{Y}$ 是文本的类别。文本中的词 $\boldsymbol{x}_i$ 用向量表示，每个词向量都是一个特征向量。$\mathcal{F}$ 为所有词向量的特征空间。$p(\mathcal{Y}\,|\,X)$ 表示给定输入文本，输出文本的类别。

迁移学习涉及两个领域：已学习领域和待学习领域。已学习领域也称源领域，简称源域；而待学习领域称为目标领域，简称目标域。我们分别用下标 S 和 T 表示源域和目标域，即 $D_S=\left\{\left(x_S^1,y_S^1\right),\cdots,\left(x_S^n,y_S^n\right)\right\}$，$x_S^i\in X_S$，$y_S^i\in\mathcal{Y}_S$；$D_T=\left\{\left(x_T^1,y_T^1\right),\cdots,\left(x_T^n,y_T^n\right)\right\}$，$x_T^i\in X_T$，$y_T^i\in\mathcal{Y}_T$。源域和目标域的区别在于其三元组 $(\mathcal{X},\mathcal{Y},p)$ 中有一个或多个元素不同，如输入 $\mathcal{X}$ 不同，输出 $\mathcal{Y}$ 不同，或者概率分布 p 不同。给定不同的源域 D_S 和目标域 D_T，迁移学习利用在 D_S 中通过任务 $\mathcal{T}_S$ 学习到的知识帮助 D_T 中任务 $\mathcal{T}_T$ 的 $f_T(\cdot)$ 学习，使得 $f_T(\cdot)$ 在 D_T 上的预测误差 ϵ 最小，如式(5-1)所示：

$$f_T=\arg\max_f\mathbb{E}_{(x,y)\in D_T}\epsilon\left(f(x),y\right) \tag{5-1}$$

在需要迁移学习解决的任务中，源域的标注数据量一般远大于目标域的标注数据量。我们根据目标域中标注数据的多少，一般将迁移学习分为两大类：监督迁移学习和无监督迁移学习。监督迁移学习也称推导迁移学习（inductive transfer learning），其在目标域中的任务有较多标注数据，它利用目标域的标注数据归纳（induce）出目标任务的函数 $f(\cdot)$。根据源域任务和目标域任务的训练方式，可以进一步分为多任务学习（multi-task learning）和序列迁移学习（sequential transfer learning）。多任务学习的特点是源域的任务和目标域的任务同时进行学习，而序列迁移学习的特点是源域的任务和目标域的任务先后进行学习。例如在 NLP 任务中，我们首先利用预训练语言模型（如 BERT）在大量文本数据上进行预训练得到词、句子或者篇章的表征，然后利用这些表征和目标域的标注数据来训练模型处理目标域的任务。无监督迁移学习也称转导迁移学习（transductive transfer learning），其在目标域中的任务很少或没有标注数据。根据源域和目标域的区别，可以进一步分为领域自适应（domain adoption）和异构迁移学习（heterogenous transfer learning）。领域自适应是指 D_S 和 D_T 的输入 $\mathcal{X}$ 和输出 $\mathcal{Y}$ 均相同，即 $X_S = X_T$，$Y_S = Y_T$；概率分布 p 不同，即 $p_S(x, y) \neq p_T(x, y)$。对于异构迁移学习，D_S 和 D_T 的输入不同，即 $X_S \neq X_T$；概率分布 p 不同，即 $p_S(x, y) \neq p_T(x, y)$；输出 $\mathcal{Y}$ 相同或不同。以词性标注任务为例，如果我们试图把在体育主题的中文文档（源域）上训练的词性标注模型应用到娱乐主题的中文文档（目标域）上，源域和目标域的输入均为中文文档（词向量空间相同），输出和任务也相同，但是 $p_S(x, y) \neq p_T(x, y)$，这属于领域自适应问题。如果我们试图把在中文文档上训练的词性标注模型应用到英文文档上，源域和目标域的输出和任务相同，但是输入不同（词向量空间不同），且 $p_S(x, y) \neq p_T(x, y)$，这属于异构迁移学习。在 NLP 中，异构迁移学习一般指的是跨语言学习（cross-lingual learning）。图 5-2 显示了迁移学习的分类。

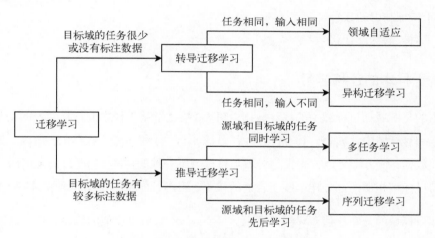

图 5-2　NLP 中迁移学习的分类

迁移学习需要了解源域和目标域的关系，找到两个领域的相似性及源域中通用的知识，以此来帮助目标域中的任务。例如，开轿车与开卡车所需要的知识类似，如果我们会开轿车，那么用到的知识也能迁移到开卡车上。但是，如果源域和目标域无关或者相关性不大时，迁移学习就不能帮助目标域中的任务，反而对其有妨害。例如，开轿车的知识不能应用在开飞机上。我们称这种情况为负迁移。

随着深度学习在 NLP 中的广泛应用，深度迁移学习逐渐成为 NLP 的热点研究问题。Glorot 等人（Glorot et al., 2011b）首先研究了深度迁移学习在情感文档分类中的应用。Mou 等人（Mou et al., 2016）系统研究了深度迁移学习在不同 NLP 任务中的应用。

5.2 领域自适应

领域自适应任务有两个特点：(1)目标域的标注数据较少甚至没有；(2) $p_S(x, y) \neq p_T(x, y)$。对于第(2)点，由于 $p(x, y) = p(y|x)p(x)$，$p_S(x, y)$ 与 $p_T(x, y)$ 的区别出于两个原因：一个是 $p_T(y|x)$ 和 $p_S(y|x)$ 不同，而另外一个是 $p_T(y|x)$ 和 $p_S(y|x)$ 类似，但是 $p_T(x)$ 和 $p_S(x)$ 不同。

这一节介绍领域自适应的算法（Tan et al., 2018）及其在 NLP 任务中的应用。这些算法在深度学习中依然适用（Yosinski et al., 2014）。领域自适应的算法主要分为：

(1) 基于样本的迁移学习；

(2) 基于特征映射的迁移学习；

(3) 基于对抗的深度迁移学习。

5.2.1 基于样本的迁移学习

样本指的是源域和目标域中的标注数据。图 5-3 描述了基于样本的迁移学习的基本思想。它假设在源域和目标域中，$p_T(x, y) \neq p_S(x, y)$，但是 $p_T(y|x)$ 和 $p_S(y|x)$ 类似。所以，如果有少量目标域标注数据，该方法可以首先去除源域与目标域不一致的样本（$p_T(y|x) \neq p_S(y|x)$）；然后对源域中与目标域相似的部分样本赋予合适的权重，用作目标域的任务训练数据。样本的权重可以是源域和目标域的分布比值 $\frac{P(X_S)}{P(X_T)}$（假设 $\frac{P(X_S)}{P(X_T)} < \infty$），对更相似的样本，该方法能赋予更高的权重。

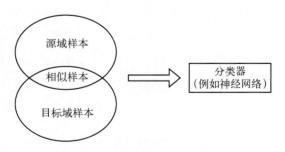

图 5-3 基于样本的深度迁移学习

Dai 等人（Dai et al., 2007）基于 AdaBoost 算法思想提出了 TrAdaBoost 算法来进行迁移学习。它将来自源域和目标域的训练数据按照不同的权重合并，利用分类器进行多轮训练。在每一轮训练中，分类器都对源域中的样本进行分类。如果源域的有些样本被错误分类，则表明这些样本与目标域的分布不太一致。那么 TrAdaBoost 就会降低这些样本的权重，使得在下一轮的训练过程中，与目标域分布不一致的样本对分类器的影响较小。这样经过几轮训练以后，源域中与目标域相似的样本会有较高的权重，而不相似的样本则权重较低。较高权重的训练数据可以帮助算法得到更好的分类器。

Jiang 等人（Jiang et al., 2007）在 NLP 任务（例如词性标注、垃圾文本分类等）中使用基于样本的迁移学习方法。它的基本思想是利用目标域的少量标注数据和大量非标注数据来训练目标域的模型。目标域模型的最优化参数 θ_T^* 可以通过最大化目标域的分布 $p_T(x, y)$ 来计算，如式(5-2)所示。该方法的核心思想是：去除源域中具有误导性的样本；相比于源域中的样本，给目标域中的样本赋予更高的权重；在训练数据中，引入目标域的预测标注的样本。

$$
\begin{aligned}
\theta_T^* &= \arg\max_\theta \iint_{\mathcal{X}} \sum_{y \in \mathcal{Y}} p_T(x, y) \log p(y \mid x; \theta) \mathrm{d}x \\
&= \arg\max_\theta \int_{\mathcal{X}} p_T(x) \sum_{y \in \mathcal{Y}} p_T(y \mid x) \log p(y \mid x; \theta) \mathrm{d}x
\end{aligned}
\tag{5-2}
$$

我们可以使用以下三种方法使用源域或目标域数据来估计式(5-2)中的参数值。

(1) 假设 $D_s = \left\{ \left(x_i^s, y_i^s \right) \right\}_{i=1}^{N_s}$ 表示源域的标注样本，我们使用 $p_s(y \mid x)$ 代替 $p_t(y \mid x)$（两者类似），则式(5-2)就变成式(5-3)：

$$
\begin{aligned}
\theta_T^* &\approx \arg\max_\theta \int_{\mathcal{X}} p_s(x) \frac{p_t(x)}{p_s(x)} \sum_{y \in \mathcal{Y}} p_s(y \mid x) \log p(y \mid x; \theta) \mathrm{d}x \\
&\approx \arg\max_\theta \int_{\mathcal{X}} \tilde{p}_s(x) \frac{p_t(x)}{p_s(x)} \sum_{y \in \mathcal{Y}} \tilde{p}_s(y \mid x) \log p(y \mid x; \theta) \mathrm{d}x \\
&= \arg\max_\theta \frac{1}{N_s} \sum_{i=1}^{N_s} \frac{p_t\left(x_i^s\right)}{p_s\left(x_i^s\right)} \log p(y_i^s \mid x_i^s; \theta)
\end{aligned}
\tag{5-3}
$$

从式(5-3)中可以看出，算法对源域中每个标注样本的权重都进行了调整，变成 $\dfrac{p_t(\mathrm{x})}{p_s(x)}$。原问题变成了如何准确估计 $\dfrac{p_t(\mathrm{x})}{p_s(x)}$。

(2) 假设 $D_{t,l} = \left\{ \left(x_j^{t,l}, y_j^{t,l} \right) \right\}_{j=1}^{N_{t,l}}$ 为目标域的少量标注样本：

$$\theta_T^* \approx \arg\max_\theta \int_{\mathcal{X}} \tilde{p}_{t,l}(x) \sum_{y \in \mathcal{Y}} p_{t,l}(y \mid x) \log p(y \mid x; \theta) \mathrm{d}x$$

$$= \arg\max_\theta \frac{1}{N_{t,l}} \sum_{j=1}^{N_{t,l}} \log p(y_j^{t,l} \mid x_j^{t,l}; \theta) \tag{5-4}$$

我们通过少量标注样本利用标准监督学习方法来得到参数值。

(3) 假设 $D_{t,u} = \left\{ \left(x_k^{t,u} \right) \right\}_{j=k}^{N_{t,u}}$ 为目标域的非标注样本：

$$\theta_T^* \approx \arg\max_\theta \int_{\mathcal{X}} \tilde{p}_{t,u}(x) \sum_{y \in \mathcal{Y}} p_t(y \mid x) \log p(y \mid x; \theta) \mathrm{d}x$$

$$= \arg\max_\theta \frac{1}{N_{t,u}} \sum_{k=1}^{N_{t,u}} \sum_{y \in \mathcal{Y}} p_t(y \mid x_k^{t,u}) \log p_t(y \mid x_k^{t,u}; \theta) \tag{5-5}$$

这里的困难是我们不知道 $p_t(y \mid x_k^{t,u}; \theta)$ 的值，需要进行估计。一个可行的方法是从 D_s 和 $D_{t,l}$ 学习到参数 $\hat{\theta}$ 来估计 θ，例如我们可以认为 $p_t(y \mid x, \theta) = p(y \mid x; \theta)$。

5.2.2　基于特征映射的迁移学习

领域自适应需要解决的一个主要问题是如何缩小源域数据分布和目标域数据分布的区别。基于特征映射的迁移学习方法的基本思想是找到一个跨领域的特征表征，它可以缩小不同领域之间的分布区别，同时保持源数据的重要特征。

基于特征映射方法的具体做法是将源域和目标域的样本都映射到新的特征空间。源域和目标域的样本在新的特征空间中相似，可以一起用来训练模型。图 5-4 是该方法的示意图。

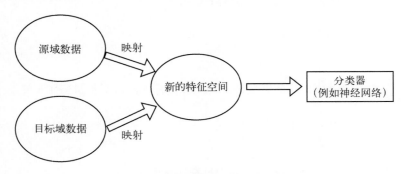

图 5-4　基于特征映射的迁移学习

Pan 等人（Pan et al., 2008）利用降维（dimensionality reduction）的方法来找到共同的隐藏空间，其使用的方法被称为 maximum variance unfolding（MVU）。MVU 在最大化嵌入空间方差的基础上，保持邻近点的距离。

Pan 等人（Pan et al., 2009）提出了迁移模块分析（transfer component analysis，TCA），它是一种基于映射的方法，用来解决领域自适应问题。它实际上是一种特征映射方法。它试着学习源域和目标域中共同的迁移模块，当源域和目标域中不同分布的数据映射到这些子空间中时，它们的区别会缩小。这是因为如果两个领域相关，则两者在子空间中会存在共同的模块（隐含变量）。有些模块导致了不同领域之间数据分布的区别，而有些模块可以捕获源数据的固有结构。假设源域的输入数据是 X_S，目标域的输入数据是 X_T，$P(X_S)$ 和 $Q(X_T)$ 是两者的边缘分布，虽然 $\mathcal{P} \neq \mathcal{Q}$，但是通过 TCA 可以发现特征映射 ϕ，使得 $P(Y_S \mid \phi(X_S)) = P(Y_T \mid \phi(X_T))$。这个特征映射 ϕ 能最小化 $\mathcal{P}$ 和 $\mathcal{Q}$ 之间的最大均值差异（maximum mean discrepancy，MMD）：

$$\text{Dist}\left(X_S', X_T'\right) = \left\| \frac{1}{n_1} \sum_{i=1}^{n_1} \phi(x_{S_i}) - \frac{1}{n_2} \sum_{i=1}^{n_2} \phi(x_{T_i}) \right\|_{\mathcal{H}}^2 \tag{5-6}$$

使用核技巧（Pan et al., 2009）可以将最小化 $\text{Dist}\left(X_S', X_T'\right)$ 的问题转化成求解式(5-7)：

$$\begin{aligned} &\min_W \quad \text{tr}(W^\mathrm{T}W) + \mu\text{tr}(W^\mathrm{T}KLKW) \\ &\text{s.t.} \quad W^\mathrm{T}KHKW = \mathbf{I} \end{aligned} \tag{5-7}$$

这里，K 是核矩阵（kernel matrix），L 是参数矩阵（又称 MMD 矩阵），$\text{tr}(W^\mathrm{T}W)$ 是正则项，μ 是调节参数，$\mathbf{I} \in \mathbb{R}^{m \times m}$ 是单位矩阵，而 $H = \mathbf{I}_{n_1+n_2} - \dfrac{1}{n_1+n_2}\mathbf{1}\mathbf{1}^\mathrm{T}$ 是一个中心矩阵。使用 $W^\mathrm{T}KHKW = \mathbf{I}$ 的目的是确保 $W \neq 0$：

$$L_{ij} = \begin{cases} \dfrac{1}{n_1^{\,2}} & x_i, x_j \in \mathcal{D}_s \\[2mm] \dfrac{1}{n_2^{\,2}} & x_i, x_j \in \mathcal{D}_s \\[2mm] -\dfrac{1}{n_1 n_2} & \text{其他} \end{cases} \tag{5-8}$$

可以进一步将上述式子转化为

$$\max_{W} \text{tr}((W^{\top}(I + \mu KLK)W)^{-1}W^{\top}KHKW) \tag{5-9}$$

W 是待求解的矩阵，它的维度是 $(n_1 + n_2) \times m$，其中 $m \ll n_1 + n_2$，其目的是将对应的特征向量转换到 m 维空间。通过特征分解计算，W 是 $(I + \mu KLK^{-1})KHK$ 头部 m 个特征值对应的特征向量。

Blitzer 等人（Blitzer et al., 2006）提出了结构对应学习（structural corresondence learning，SCL）的特征映射方法来处理 NLP 任务中的迁移学习问题。SCL 的核心思想是通过枢纽特征（pivot feature）找出源域和目标域的特征之间的联系。枢纽特征一般在源域和目标域的学习任务中表现一致。例如，我们有两个领域的文本：新闻和医学。在词性标注任务中，将新闻领域训练的词性标注器（POS Tagger）应用在医学领域的文本上，会将名词性质的单词"signal"标注成形容词。我们利用枢纽特征（一般是在两个领域都经常出现并且表现类似的词）来提供信息。示例如表 5-1 所示。

表 5-1　枢纽特征举例

医疗领域	新闻领域
the signal *required* to	of investment *required*
stimulatory signal *from*	of buyouts *from* buyers
essential signal *for*	to jail *for* violating

表 5-1 中的枢纽特征为"required""from""for"，这些词在两个领域都经常出现，且在目标词的"右边"，目标不太可能是形容词。SCL 通过训练分类器（不需要人工标注，文本中已经包含了非枢纽词和枢纽词的位置关系），找出各自领域中非枢纽词和枢纽词的关系映射 θ。在源域的训练特征 x_t 的基础上，加上新的特征 θx_t 来训练任务。θ 编码了在不同领域之间的任务重要特征的对应关系，当源域用到这个新的特征以后，能更好地应用到目标域。图 5-5 是 SCL 的示例，图中"MEDLINE Only"表示仅在医学杂志 *MEDLINE* 中出现的词，而"WSJ Only"表示仅在新闻杂志 *WSJ* 中出现的词。

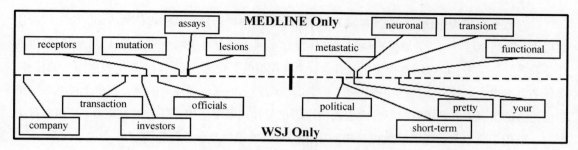

图 5-5　SCL 特征映射方法示例［图片来自（Blitzer et al., 2006）］

5.2.3　基于对抗的深度迁移学习

基于对抗的深度迁移学习是指在生成对抗网络（GAN）的启发下，引入对抗技术，寻找既适用于源域又适用于目标域的可迁移表征。它基于这样的假设：好的表征在学习任务中有区分性，而在源域和目标域之间没有区分性。

在源域大规模数据集的训练过程中，该方法将神经网络的前端层作为特征提取器。它从两个域中提取特征并将其发送到对抗层，对抗层试图区分特征的来源。如果对抗性网络的性能较差，则意味着这两类特征之间的差异较小，可迁移性较好。在接下来的训练过程中，将考虑对抗层的性能，迫使迁移网络发现更具有可迁移性的一般特征。Gamin 等人（Gamin et al., 2016）提出了利用对抗学习来实现迁移学习的方法，并将其应用到了领域自适应的任务中。

5.3　多任务学习

多任务学习（multi-task learning）是指源域和目标域的多个任务同时进行学习（Caruana, 1997；Ruder, 2017；Kendall et al., 2018）。它的核心思想是通过增加辅助任务（即增加目标函数）来提供先验假设，进而提升模型整体的效果。例如，社交网络的信息流推荐系统可以有多个任务，包括预测用户是否会阅读推荐文章，预测用户是否会点赞，预测用户是否会转发等。这些任务虽然有不同的目标函数，却是相关的，可以使用多任务学习同时训练任务模型。在机器学习任务中使用多任务学习有如下好处。

- ❑ 模型的训练和部署成本低，不需要对单个任务训练特定的模型。
- ❑ 模型的泛化能力更强。

　　针对数据比较少的任务，如预测文章转发模型，当用户转发文章的操作较少时，会造成标注数据少，模型容易过拟合。如果把预测文章转发和预测文章点击这两个相关并且经常同时发生的任务放在一起学习，可以缓解模型的过拟合，提高模型的泛化能力。同时，对于数据很少的任务，多任务学习也会对推荐系统的"冷启动"问题有所帮助。但是值得注意的是，在单个任务的训练数据足够的情况下，多任务学习的模型表现一般比单独把模型应用于任务的表现差。所以多任务学习一般用于克服某些任务的数据稀疏问题，协助解决相关或者类似的问题。

　　多任务学习的核心问题是如何选择相关的任务。Standley 等人（Standley et al., 2019）认为什么任务可以一起训练是一个非常关键的问题。他们提出了一个计算框架，对于给定的多个任务，提出了一个类似分支定界算法（branch-and-bound-like algorithm）的优化方法来判断哪些相容的任务可以通过一个神经网络进行学习，哪些相斥的任务可以通过不同的神经网络来学习。虽然它们主要针对的是计算机视觉方面的任务，但是其思想也可以应用在 NLP 中。Bingel 和 Søgaard（Bingel and Søgaard, 2017）系统研究了多任务学习在 NLP 任务（如标注任务、分段任务等）中的应用，各个任务之间是否相互有帮助，以及如何选择有益的特征等。他们的一个重要发现是，如果一个主任务优化迅速进入平台期，到达局部最优点，而辅助任务不会陷在局部最优点，则辅助任务可以帮助主任务。Mou 等人（Mou et al., 2016）发现，在 NLP 任务中，如果使用神经网络来进行多任务学习，两个任务的语义越相关，效果越好。

　　多任务学习有两种主要的学习方法：硬参数共享（hard parameter sharing）和软参数共享（soft parameter sharing）。硬参数共享方法的示意图如图 5-6 所示。

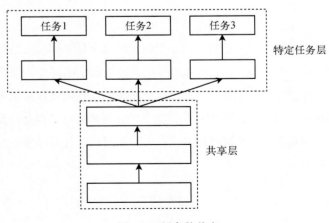

图 5-6　硬参数共享

在该类模型中，所有任务共享一些底层参数，而在特定任务层使用特定的参数，这样能减少过拟合的风险。这种方法类似于提供了正则处理。Collobert 和 Weston（Collobert and Weston, 2008）提出使用神经网络来进行多任务学习，就是使用了硬参数共享。Collobert 等人（Collobert et al., 2011）使用统一的架构来学习依存分析（dependency parsing）、语言相关（semantic relatedness）和自然语言推导（natural language inference）等任务。Luong 等人（Luong et al., 2016a）使用多个编码器和解码器，利用多任务学习来处理翻译、解析和图像字幕生成等。McCann 等人（McCann et al., 2018）提出了一个多任务自动问答网络。硬参数共享较近的一个例子是 UberNet（Kokkinos, 2017），其训练的一个 CNN 能同时处理 7 种计算机视觉任务。Kokkinos 提出了如何一起使用不同任务标注数据的方法和减少训练花费的方法。他发现随着更多的任务加入网络，模型的表现迅速变差。Liu 等人（Liu et al., 2016）结合多任务学习和 LSTM 来进行文本分类任务。He 等人（He et al., 2019）在情感分析任务中，同时训练多个任务，而这些任务有相同的特征。与一般的多任务学习不同的是，He 等人提出了一个信息传输架构，信息通过一个共享的隐藏变量在不同的任务间传递。

硬参数共享方法强制所有任务共享隐藏空间，这样在做参数优化时会出现冲突，因为所有任务在共享层使用同样的参数。这限制了硬参数共享的表现力，同时使其难以处理弱相关的任务。针对这种问题，软参数共享方法被提出。

软参数共享方法的示意图如图 5-7 所示。

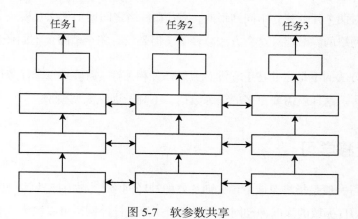

图 5-7　软参数共享

在软参数共享方法中，每个模型都有自己的参数。这些参数都会被正则化，因而比较类似。Duong 等人（Duong et al., 2015）在建立少资源语言的依赖关系分析模型时，就利用了正则化的思想，如图 5-8 所示。

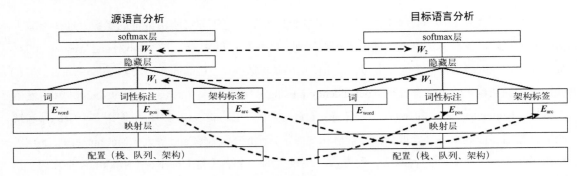

图 5-8   软参数共享示例

他们先在多资源语言（例如英文）上建立依赖关系分析模型，得到模型参数（如 $W_1^{en:pos}$、E_{pos}^{en} 和 E_{arc}^{en} 等），然后将它们作为初始参数应用到少资源语言模型中（少资源语言模型的架构和词性标注集合相同），再建立一个有 L2 正则化的目标函数，使得少资源语言模型的参数能通过不同大小的训练数据集来进行微调，如式(5-10)所示：

$$L = \sum_{i=1}^{N} \log P\left(y^{(i)} \mid x^{(i)}\right) - \frac{\lambda_1}{2}\left[\left|W_1^{pos} - W_1^{en:pos}\right|_F^2 + \left|W_1^{arc} - W_1^{en:arc}\right|_F^2 + \left|W_2 - W_2^{en}\right|_F^2\right]$$
$$- \frac{\lambda_2}{2}\left[\left|E_{pos} - E_{pos}^{en}\right|_F^2 + \left|E_{arc} - E_{arc}^{en}\right|_F^2\right]$$

(5-10)

软参数共享方法中的一个重要模型是十字绣网络（cross-stitch network）（Misra et al., 2016）。该模型开始是针对两个任务建立不同网络的，接着在网络之间增加了交互模块。这些模块能让每个网络看到其他网络的隐藏层。这个方法减轻了（但是没有完全消除）不同任务之间的干扰。

软参数共享方法的不足之处在于它没有假设任务相关性，需要给每个任务训练一个模型，因而需要的参数较多。这样就需要更多的训练数据，不利于训练大型模型。

5.4   序列迁移学习

序列迁移学习一般是指将源域中预先训练好的神经网络（例如神经网络架构和模型参数等）重新利用，转化为目标域的深度神经网络的一部分。源域神经网络可以视为一个特征提取器，所提取的部分特征是通用的，也能应用于目标任务。

NLP 的序列迁移学习主要分为两步：第一步是在源域的大规模训练数据集上生成词嵌入（如 Word2Vec 或 GloVe）或训练预训练语言模型（如 ELMo、GPT 和 BERT 等）；第二步是使用第一步生成的词嵌入或者使用预训练语言模型，在目标任务上对新神经网络的参数进行微调。序列迁移学习的示意图如图 5-9 所示。

图 5-9 NLP 中的序列迁移学习

谷歌和 Meta 等公司开源了在大规模语料库上训练好的预训练语言模型（例如 BERT、T5 和 LLaMA 等）。针对下游任务使用预训练语言模型进行微调已经成为 NLP 的主流方法。

5.4.1 预训练语言模型

使用预训练语言模型有如下主要优点。

- 模型泛化能力提高。预训练语言模型在大规模语料库上训练得到通用的语言表征。这些语言表征能够捕捉到语言的上下文信息和语义信息。因此，使用预训练语言模型能够大幅提高下游任务模型的泛化能力，使得模型在新数据集上表现更好。
- 标注数据要求降低。例如，对 IMDB 数据集的分类任务（Howard and Ruder, 2018），采用预训练语言模型来训练新的分类模型，比起不采用，只需要 1/10 的标注数据就能达到类似的分类效果。
- 模型的可扩展性高。预训练语言模型的表征能力可以通过增加模型参数和训练数据来提高。使用更大的预训练语言模型以及更多的训练数据可以使预训练语言模型的应用效果更好。
- 模型训练速度提高。预训练语言模型已经在大规模语料库上进行了训练，因此可以用来初始化下游任务模型参数，从而加速模型的训练，节省大量的训练时间和计算资源。

5.4.2 微调

微调是指如何将预训练模型应用到目标任务上去，即针对目标任务的标注数据，微调预训练模型。微调需要考虑目标任务的数据集大小，以及目标数据和原数据的相似度等因素。

Yosinski 等人（Yosinski et al., 2014）对深度神经网络的微调进行了研究，得出如下结论。

- 当目标域中任务的数据集小并且同原数据集相似时，则存在模型过拟合的风险，不适合微调预训练模型。对于这种情况，可以使用整个预训练模型的输出作为特征来训练一个线性模型。
- 当目标域中任务的数据集大并且同原数据集相似时，模型过拟合的风险较低，可以微调预训练模型的参数。
- 当目标域中任务的数据集小并且同原数据集不相似时，则使用整个预训练模型的输出作为特征输出，但是这样做效果不好。我们可以选取预训练模型的高层作为特征输出，训练一个非线性模型（例如 SVM）。
- 当目标域中任务的数据集大并且同原数据集不相似时，需要重新训练预训练模型，但可以使用预训练模型的参数作为初始输入。

针对以上结论，微调可以进行模型架构修改和模型权重优化。

1. 模型架构修改

微调预训练模型的架构主要有以下两个选择。

- **保持预训练模型的内部架构**。我们可以简单地在预训练模型架构的基础上增加一个或多个新的线性层来生成目标任务模型。这种方法在使用 BERT 模型的 NLP 任务中经常被采用。
- **修改预训练模型的内部架构**。我们可以修改预训练模型的内部架构去适应特定的目标任务，例如在 Transformer 架构中增加适配层（adapter layer）（Houlsby et al., 2019）。

2. 模型权重优化

在目标任务中应用预训练模型时，我们可以选择调整或者不调整预训练模型的参数权重。

- **不调整预训练模型的参数权重**。目标任务保持预训练模型的参数权重不变，仅在预训练模型的表征上增加一个线性分类器来训练目标任务模型。线性分类器可以使用预训练模型的顶层表征或不同层表征的线性组合。
- **调整预训练模型的参数权重**。预训练模型的参数权重一开始被作为初始值给目标任务模型，然后根据目标任务的数据，预训练模型的所有层或部分层的参数权重会更新，以适应目标任务。在更新预训练模型的参数权重时要注意方法，需要选择更新顺序和更新目标来避免覆盖预训练模型的有用信息，以最大化正向迁移。此外，还需要避免"灾难性遗忘"问题。

一般更新预训练模型的原则是按层次从上到下，逐步更新。一般认为，在不同的数据分布和任务中同时训练所有的层次，会造成训练不稳定和表现不佳。相反，各个层次单独训练能使其逐渐适应新的数据和任务。

5.5 跨语言的迁移学习

跨语言的迁移学习（cross-lingual transfer learning）一般是指利用多资源自然语言的数据和模型，来帮助对少资源自然语言的处理。

基于翻译的方法是实现跨语言的迁移学习的常用方法，它一般利用机器翻译将多资源自然语言的数据翻译成少资源自然语言来进行利用。Johnson 等人（Johnson et al., 2017）尝试使用一个 Seq2Seq 模型来实现多语言机器翻译，即该模型的输入是多个不同的语言对（如(英文, 中文)和(英文, 法文)），使用 LSTM 编码器和解码器进行训练。这种训练方式对少资源自然语言的翻译帮助很大，这说明跨语言的迁移学习在起作用。同时，对于一些从未见过的语言对（如(中文, 法文)），模型也能翻译，实现了零样本学习能力。

其他实现跨语言的迁移学习方法主要如下。

(1) 使用共享子词（subword）表。该方法利用共享子词表在多语言语料上训练一个通用 NLP 模型。通用 NLP 模型可以作为一个较好的基准模型，但它在少资源自然语言的任务中表现一般。

(2) 使用跨语言预训练嵌入（Ruder et al., 2019）。3.5 节对此做了介绍，例如 XLU 嵌入（Ruder et al., 2017）。它的基本训练方法是：首先利用平行语料训练各自语言的表征；然后学习一个映射函数（转换矩阵），将一个语言的表征对齐到另一个语言的表征，例如词嵌入对齐和上下文表征对齐。

(3) 使用多语言预训练语言模型。mBERT 模型（Pires et al., 2019）是谷歌在 BERT 的基础上拓展开发出的一种多语言预训练语言模型。它被称为多语言 BERT，被设计用于同时处理多种语言。mBERT 在 104 种语言数据上进行训练，得到通用语言表征，该表征通过微调可以适用于下游跨语言 NLP 任务。

第 6 章

强化学习

强化学习（reinforcement learning）与监督学习和半监督学习不同，是机器学习领域的一个独立分支（Sutton and Barto, 2018；周志华, 2016），它强调智能体与环境进行交互以取得最大化的预期奖励。强化学习中的强化是指通过奖励和惩罚来形成和加强智能体与环境的交互关系。在学习过程中，智能体不会被告知下一步执行什么动作，而是需要自主发现执行哪一种动作能得到最大化的奖励，包括立刻得到的奖励以及采取该动作后未来得到的奖励。强化学习与监督学习的不同之处在于：前者不需要标注数据，而后者需要标注数据来进行训练。每一条标注数据其实是一个(状态描述, 标注)对，标注表示状态分类器应该采取的正确动作。但在很多需要交互解决的问题中，智能体无法得到在所有状态下应该采取何种动作的标注数据，它需要通过自主的反复试验搜索来进行学习。虽然强化学习与非监督学习都不需要标注数据，但是两者的目的不同：前者是得到最大化的奖励，后者是发现非标注数据中隐含的结构和特征。

试错搜索（trial-and-error search）和延迟奖励（delayed reward）是强化学习最重要的两个特征。强化学习需要解决探索（exploration）与利用（exploitation）的平衡问题。为了获取更多的奖励，智能体倾向于依据过去的经验在当前状态下选择有效的动作与环境进行交互，但是为了发现这些有效动作，智能体又需要尝试以前没有做过的动作。智能体既需要利用已有经验获得奖励，也需要为了更好的动作选择而进行探索。探索和利用都需要智能体不断进行试验，选取最优的动作。

深度强化学习（deep reinforcement learning，DRL）是深度学习与强化学习的结合。我们先定义强化学习问题和优化目标，再利用深度学习的表征能力来建模和优化目标函数以得到最大化的奖励。目前，DRL 正大量应用在需要计算机进行决策和控制的任务中，如游戏、机器人和自动驾驶等。本章将介绍 DRL 在 NLP 中的应用。

6.1 强化学习的定义

在强化学习中，智能体在环境中行动，而环境针对智能体的动作给予反馈。假设智能体和环境在时间 $t = 0,1,\cdots,n$ 内进行交互，在 t 时刻，智能体处于某个状态 S_t（$S_t \in \mathbb{S}$，$\mathbb{S}$ 是所有可能状态的集合），它可以选择一个合适的动作 A_t（$A_t \in A(S_t)$，$A(S_t)$ 是在状态 S_t 时智能体可以选择的所有动作的集合）。当智能体选择了动作 A_t 之后，环境会在下一个时刻（即 $t+1$）给智能体一个新的状态 S_{t+1} 和奖励 $R_{t+1} \in \mathbb{R}$。图 6-1 展示了在强化学习中智能体与环境交互的过程。

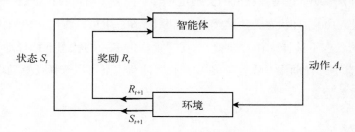

图 6-1　智能体与环境交互的过程

6.1.1 马尔可夫决策过程

智能体与环境的交互可以用马尔可夫决策过程（Markov decision process，MDP）来描述。MDP 的所有状态具有马尔可夫属性，即未来状态仅取决于当前状态，而与历史状态无关，如式(6-1)所示：

$$\mathbb{P}\big[S_{t+1} \mid S_t\big] = \mathbb{P}[S_{t+1} \mid S_1,\cdots,S_t] \tag{6-1}$$

式(6-1)中，S_t 表示马尔可夫决策过程在 t 时刻的状态，$\mathbb{P}$ 表示状态转移概率。马尔可夫属性表示给定当前状态，未来状态和历史状态是条件独立的。当前状态包含了决定未来状态的所有统计信息。

对于有限状态的强化学习任务，MDP 由一个五元组表示：$M = <\mathcal{S}, \mathcal{A}, \mathcal{P}, \mathcal{R}, \gamma>$。

- ❑ $\mathcal{S}$ 是环境状态的有限集合。
- ❑ $\mathcal{A}$ 是智能体动作的有限集合。
- ❑ $\mathcal{P}$ 是状态转移概率函数。
- ❑ $\mathcal{R}$ 是奖励函数。

❏ γ 是打折系数，$\gamma \in [0,1]$。

图 6-2 描述了鱼塘投食机给鱼喂食的马尔可夫决策过程。在这个任务中，智能体是鱼塘投食机，而环境是鱼生长的自然环境。鱼的状态集合 $\mathcal{S}$ 包括 {缺乏食物, 健康, 食物过多, 死亡}，鱼塘投食机的动作集合 $\mathcal{A}$ 包括 {喂食, 不喂食}。图 6-2 中箭头表示状态转移，a 表示状态转移的动作，p 表示状态转移的概率，r 表示给机器的奖励。根据鱼的状态和鱼塘投食机的动作，其状态转移概率 p 和奖励 r 不同。例如，在鱼"缺乏食物"的状态下，采取"喂食"的动作，鱼转变为"健康"状态的概率为 $p=0.6$，鱼塘投食机的奖励是 $r=5$。注意，当鱼的状态是"死亡"时，鱼塘投食机得到的奖励是 -100，且状态无法继续变化。从图 6-2 中可以看出，鱼塘投食机的最优策略是在鱼"健康"的状态下选择动作"喂食"，在"食物过多"的状态下选择动作"不喂食"，在"缺乏食物"的状态下选择动作"喂食"，在"死亡"的状态下可以选择任意动作。这个马尔可夫决策过程的打折系数为 1。

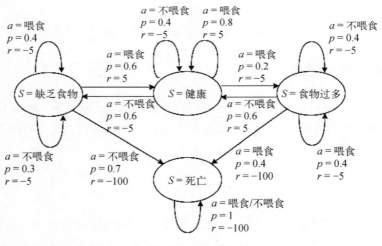

图 6-2　鱼塘喂鱼 MDP

6.1.2　强化学习的模型

强化学习的模型设定环境如何对智能体的特定动作给出反馈，它由 MDP 五元组中的状态转移概率函数 $\mathcal{P}$ 和奖励函数 $\mathcal{R}$ 两部分组成。本质上，模型定义了一个转移概率函数 P，如式(6-2)所示。它表示智能体采取动作 a 后从状态 s 转移到 s' 并获得奖励 r 的概率：

$$P(s',r\,|\,s,a)=\mathbb{P}\big[S_{t+1}=s',R_{t+1}=r\,|\,S_t=s,A_t=a\big] \tag{6-2}$$

模型的状态转移概率函数 $\mathcal{P}$ 定义如式(6-3)所示：

$$\mathcal{P}_{ss'}^{a} = P(s'\,|\,s,a) = \mathbb{P}\big[\,S_{t+1} = s' \mid S_t = s, A_t = a\,\big] = \sum_{r \in \mathcal{R}} P(s',r\,|\,s,a) \tag{6-3}$$

模型的奖励函数 $\mathcal{R}$ 表示智能体采取动作 a 后得到下一个奖励的期望值，如式(6-4)所示：

$$\mathcal{R}_s^a = \mathbb{E}\big[\,R_{t+1} \mid S_t = s, A_t = a\,\big] = \sum_{r \in R} r \sum_{s' \in S} P(s',r\,|\,s,a) \tag{6-4}$$

6.1.3　智能体的策略

在每个时刻 t，智能体会根据当前状态 S_t 选取不同的动作 A_t，智能体选择动作的方法就是策略（policy）。它是智能体的一个行为函数 π，建立了从环境状态 s 到智能体动作 a 的映射。强化学习的策略通常可以分为确定性策略（deterministic policy）和随机性策略（stochastic policy）：前者表示智能体在一个环境状态下只能有一个固定的动作 $\pi(s) = a$；后者表示智能体在一个环境状态下每个动作都有一定的概率，其所有动作的概率之和为 1，$\pi(s) = \mathbb{P}_\pi\big[A = a \mid S = s\big]$，$\sum_{a \in \mathcal{A}} \mathbb{P}_\pi[A = a \mid S = s] = 1$。

6.1.4　价值函数

智能体在环境状态下采取特定的策略能获得回报。回报一般定义为未来所有奖励的打折和。在时刻 t，回报 G_t 可以表示为

$$G_t = R_{t+1} + \gamma R_{t+2} + \gamma^2 R_{t+3} + \ldots = \sum_{k=0}^{\infty} \gamma^k R_{t+k+1} \tag{6-5}$$

式(6-5)中 γ（$\gamma \in [0,1]$）是打折系数（或称为折损因子），R_{t+i} 表示在时刻 $t+i$ 的奖励。我们对未来的奖励打折的主要原因是它有很大的不确定性。

为了评估策略 π 的期望回报，我们对每个环境状态都定义了两个价值函数：状态价值函数（state value function）和动作价值函数（action value function）。后者也称 Q 函数（Q value function）。

在时刻 t，在环境状态 $S_t = s$ 的情况下，当前状态价值函数的定义如式(6-6)所示：

$$V_\pi(s) = \mathbb{E}_\pi[G_t \mid S_t = s] \tag{6-6}$$

它表示从环境状态 $S_t = s$ 开始的未来的期望回报。

而在时刻 t，在环境状态 $S_t = s$ 的情况下，当前动作价值函数（Q 函数）的定义如式(6-7)所示：

$$Q_\pi(s, a) = \mathbb{E}_\pi[G_t \mid S_t = s, A_t = a] \tag{6-7}$$

它表示从环境状态 $S_t = s$ 开始，智能体采取动作 a 时未来的期望回报。

智能体在时刻 t 可以采用不同的策略。如果智能体采用随机性策略 $\pi(a \mid s)$，状态价值是在时刻 t 所有动作的期望价值，如式(6-8)所示：

$$V_\pi(s) = \sum_{a \in \mathcal{A}} Q_\pi(s, a)\pi(a \mid s)，其中 \sum_{a \in \mathcal{A}} \pi(a \mid s) = 1 \tag{6-8}$$

如果智能体采用确定性策略 $\pi(s)$，则状态价值是在时刻 t 所有动作的最大价值，如式(6-9)所示：

$$V_\pi(s) = \max_{a \in \mathcal{A}} Q_\pi(s, a) \tag{6-9}$$

从上述式子可以看出，状态价值函数可以用当前状态下的动作价值函数（所有动作或最大价值动作）来表达；而动作价值函数可以用当前状态的后续不同状态的状态价值函数来表达。状态价值函数和动作价值函数的区别在于：前者在当前状态下选取何种动作是未知的，它需要通过当前和后续不同状态下的动作集合，形成一条完整的策略链来得到价值；而后者在当前状态下选取何种动作是清楚的（随机或固定），它通过求后续不同状态下的动作集合来得到价值。根据两者的区别，我们可以定义优势函数（advantage function），如式(6-10)所示：

$$A(s, a) = Q_\pi(s, a) - V_\pi(s) \tag{6-10}$$

它表示智能体在状态 s 下，选择特定动作 a 对比采取"平均"动作的优势。如果选择动作 a 带来的价值比所有动作的期望价值或其他动作带来的价值高，则优势函数的值为正，否则为负。假设在状态 s 下，有一个动作 a^* 使得优势函数的值为正，说明执行动作 a^* 的回报比当前策略 $\pi(a \mid s)$ 高，则我们可以调整参数使得策略中动作 a^* 的概率 $p(a^* \mid s)$ 增加。

强化学习的目的就是找到一个最优策略 $\pi^* = \arg\max_{\pi} V_\pi(s)$ 能产生最大的回报。其对应的状态价值函数为最优价值函数（optimal value function）$V^*(s) = \max\limits_{\pi} V_\pi(s)$。同理，也存在一个最优动作价值函数 $Q^*(s,a) = \max\limits_{\pi} Q_\pi(s,a)$，其对应的最优策略是 $\pi^* = \arg\max\limits_{\pi} Q_\pi(s,a)$。

6.2　贝尔曼方程

贝尔曼方程（Bellman equation）也称动态规划（dynamic programming）方程。强化学习可以使用动态规划来寻找最优策略。动态规划一般用来解决多阶段最优化决策问题，即决策问题可以按照时间或空间分成多个阶段，而每个阶段需要做出决策以使得整个过程达到最优效果。由于贝尔曼方程能描述动态规划中相邻状态的关系，动态规划使用贝尔曼方程把在某一阶段最优决策的问题转化为下一阶段最优决策的子问题，使得决策问题可以逐阶段迭代求解。

式(6-11)是当前状态的状态价值函数的贝尔曼方程，它将当前状态价值函数转化为立即奖励和下一状态价值函数（乘以打折系数）的和：

$$
\begin{aligned}
V(s) &= \mathbb{E}\big[G_t | S_t = s\big] \\
&= \mathbb{E}\Big[R_{t+1} + \gamma R_{t+2} + \gamma^2 R_{t+3} + \cdots | S_t = s\Big] \\
&= \mathbb{E}\Big[R_{t+1} + \gamma(R_{t+2} + \gamma R_{t+3} + \cdots) | S_t = s\Big] \\
&= \mathbb{E}\big[R_{t+1} + \gamma G_{t+1} | S_t = s\big] \\
&= \mathbb{E}\big[R_{t+1} + \gamma V(S_{t+1}) | S_t = s\big]
\end{aligned}
\tag{6-11}
$$

如果策略 $\pi(a|s)$、状态转移概率 $p(s'|s,a)$ 和奖励 $r(s,a,s')$ 已知，我们就可以通过贝尔曼方程的迭代方式来计算状态价值函数 $V(s)$。

同理，式(6-12)是当前状态的动作价值函数（Q 函数）的贝尔曼方程：

$$
\begin{aligned}
Q(s,a) &= \mathbb{E}\big[R_{t+1} + \gamma V(S_{t+1}) | S_t = s, A_t = a\big] \\
&= \mathbb{E}\big[R_{t+1} + \gamma \mathbb{E}_{a \sim \pi} Q(S_{t+1}, a) | S_t = s, A_t = a\big]
\end{aligned}
\tag{6-12}
$$

由于智能体在环境某一状态下会选择特定的策略，因此我们可以根据策略进一步将状态价值函数和动作价值函数的计算过程，转化成它们之间迭代交替更新计算的过程。式(6-8)表示智能体在采取随机性策略的情况下，状态价值函数可以通过动作价值函数计算。而式(6-13)则表示动作价值函数可以通过状态价值函数计算。式(6-13)中，$R(s,a)$ 表示在当前状态下智能体采取动作 a 的回报，而 $P_{ss'}^a$ 表示采取动作 a 时状态从 s 变为 s' 的概率：

$$Q_\pi(s,a) = R(s,a) + \gamma \sum_{s' \in \mathcal{S}} P_{ss'}^a V_\pi(s')$$ (6-13)

由式(6-12)和式(6-13)，我们可以得到状态价值函数的贝尔曼期望方程，如式(6-14)所示：

$$V_\pi(s) = \sum_{a \in \mathcal{A}} \pi(a \mid s) \left(R(s,a) + \gamma \sum_{s' \in \mathcal{S}} P_{ss'}^a V_\pi(s') \right)$$ (6-14)

同理，动作价值函数的贝尔曼期望方程如式(6-15)所示：

$$Q_\pi(s,a) = R(s,a) + \gamma \sum_{s' \in \mathcal{S}} P_{ss'}^a \sum_{a' \in \mathcal{A}} \pi(a' \mid s') Q_\pi(s',a')$$ (6-15)

状态价值函数和动作价值函数的最优值分别如式(6-16)和式(6-17)所示：

$$V^*(s) = \max_{a \in \mathcal{A}} Q^*(s,a)$$ (6-16)

$$Q^*(s,a) = R(s,a) + \gamma \sum_{s' \in \mathcal{S}} P_{ss'}^a V^*(s')$$ (6-17)

由式(6-13)和式(6-16)，我们可以得到状态价值函数的贝尔曼最优方程，如式(6-18)所示：

$$V^*(s) = \max_{a \in \mathcal{A}} \left(R(s,a) + \gamma \sum_{s' \in \mathcal{S}} P_{ss'}^a V^*(s') \right)$$ (6-18)

同理，动作价值函数的贝尔曼最优方程如式(6-19)所示：

$$Q^*(s,a) = R(s,a) + \gamma \sum_{s' \in \mathcal{S}} P_{ss'}^a \max_{a' \in \mathcal{A}} Q^*(s',a')$$ (6-19)

6.3　强化学习的分类

根据 MDP 五元组的不同，强化学习可以分为有模型学习和免模型学习。而根据学习方法的不同，强化学习可以分为基于值函数的学习和基于策略函数的学习。

6.3.1　有模型学习

如 6.1.2 节所述，如果一个强化学习任务对应的 MDP 五元组 $M = <S, A, P, R, \gamma>$ 已知，则称任务的模型已知，它表示环境的状态转移概率 $\mathcal{P}_{ss'}^{a} = \mathbb{P}[S_{t+1} = s' \mid S_t = s, A_t = a]$ 和奖励函数 $\mathcal{R}_s^a = \mathbb{E}[R_{t+1} \mid S_t = s, A_t = a]$ 是确定的。模型已知的强化学习称为有模型学习。其可以利用贝尔曼方程（贝尔曼期望方程和贝尔曼最优方程），通过动态规划来迭代计算状态价值函数和优化策略。常用的动态规划方法包括策略迭代（policy iteration）和价值迭代（value iteration）。

策略迭代算法的基本思想是，如果策略 π 已经通过改进状态价值函数 V_π 的值而得到了更好的策略 π'，那么我们可以进一步计算状态价值函数 $V_{\pi'}$ 的值，再加以改进，从而得到更好的策略 π''。这样我们就得到了一个价值函数和策略交替提升的序列，如图 6-3 所示。

$$\pi_0 \xrightarrow{E} v_{\pi_0} \xrightarrow{I} \pi_1 \xrightarrow{E} v_{\pi_1} \xrightarrow{I} \pi_2 \xrightarrow{E} \cdots \xrightarrow{I} \pi_* \xrightarrow{E} v_*$$

图 6-3　策略迭代示意图

图 6-3 中箭头上的字母 E 表示策略评估（policy evaluation），字母 I 表示策略改进（policy improvement）。

策略迭代算法的具体步骤如下所示。

策略迭代算法

输入：MDP 五元组 $<S, A, P, R, \gamma>$

步骤 1：初始化，对所有的状态 $s \in \mathcal{S}$，随机初始化 $V(s)$ 和策略 $\pi(s)$
　　　　　θ 设定为小的正阈值

步骤 2：策略评估
loop：
　　$\xi \leftarrow 0$
　　# 计算每个状态的状态价值函数
　　for each $s \in \mathcal{S}$：
　　　　$v \leftarrow V(s)$
　　　　$V(s) \leftarrow \sum_{s', r} P(s', r \mid s, \pi(s))[r + \gamma V(s')]$
　　　　$\xi \leftarrow \max(\xi, |v - V(s)|)$
until $\xi < \theta$　# 确定状态价值函数的计算收敛，退出策略评估

步骤 3：策略改进

policy_stable ← true

计算每个状态的动作价值函数，选出最好的动作

for each $s \in \mathcal{S}$:

  old_action ← $\pi(s)$

  $\pi(s) \leftarrow \arg\max_a \sum_{s',r} P(s',r \mid s,a)[r + \gamma V(s')]$

  if old_action $\neq \pi(s)$

   policy_stable=false

if policy_stable

  stop and return $V \approx v^*$ and $\pi \approx \pi^*$

else go to 步骤 2

策略迭代算法初始化一个随机策略，然后在策略评估步骤根据贝尔曼方程通过迭代计算得到每个状态收敛的状态价值函数 $V(s)$，随后在策略改进步骤通过 $V(s)$ 计算每个状态的动作价值函数，得到一个改进的新策略（动作）。接下来，策略评估步骤和策略改进步骤交替进行，直到策略收敛为止。

由于策略评估是一个迭代计算过程，因此策略迭代算法的计算量较大。但实际上，我们不必每次都精确计算出策略对应的状态价值函数，即策略评估不需要迭代到完全收敛。价值迭代算法因此被提出。它的基本思想是将策略评估和策略改进两个步骤合并，直接计算出最优策略。该算法首先找到最优的状态价值函数，然后据此找到最优策略。这是因为如果状态价值函数是最优的，那么其对应的策略也应该是最优的。价值迭代算法的具体步骤如下所示。

价值迭代算法

输入：MDP 五元组 $< S, A, P, R, \gamma >$

步骤 1：初始化，对所有的状态 $s \in \mathcal{S}$，随机初始化 $V(s)$ 和策略 $\pi(s)$

θ 设定为小的正阈值

步骤 2：迭代计算最优的状态价值函数

loop：

 $\xi \leftarrow 0$

 # 计算每个状态的最优状态价值函数

 for each $s \in \mathcal{S}$:

  $v \leftarrow V(s)$

$$V(s) \leftarrow \max_a \sum_{s',r} P(s',r \mid s, \pi(s))[r + \gamma V(s')]$$

$$\xi \leftarrow \max(\xi, |v - V(s)|)$$

until $\xi < \theta$ 　# 确定状态价值函数的计算收敛，退出策略评估

步骤 3：根据最优价值函数，输出最优策略 $\pi \approx \pi^*$

return 　$\pi(s) = \arg\max_a \sum_{s',r} P(s',r \mid s, a)[r + \gamma V(s')]$

策略迭代算法和价值迭代算法的主要区别在于：前者根据贝尔曼方程来计算和更新状态价值函数，再根据当前的状态价值函数来改进策略；而后者直接使用贝尔曼最优方程来更新状态价值函数，收敛的状态价值函数就是最优的状态价值函数，它对应的策略也应该是最优的。

虽然策略迭代算法和价值迭代算法都需要经过多次迭代才能完全收敛，但是在实际应用中可以不必等到完全收敛。当任务的状态和动作数量有限时，经过有限次迭代就可以收敛到近似最优策略。但是，策略迭代算法和价值迭代算法（均属于动态规划方法）在应用中有如下限制。

- **要求模型已知**。例如，状态转移概率 $p(s' \mid s, a)$ 和奖励 $r(s, a, s')$ 在实际任务中很难得到。
- **计算效率不高**。当任务的状态数量较多时，算法效率较低。例如，在下围棋的问题中，棋盘上有 361 个落子位置，每个位置有黑子、白子或无子 3 种状态，则整个棋局有 3^{361} 种状态，而动作（即落子位置）数量为 361。就目前计算机的计算能力来说，通过动态规划方法很难计算。一个可行的方法是通过神经网络来近似计算价值函数，来降低计算复杂度，并提高泛化能力。这部分的内容会在 6.4 节中介绍。

6.3.2　免模型学习

如果我们对强化学习任务的环境状态数量、状态转移概率和奖励不清楚，那么智能体需要与环境进行交互来收集一些样本，然后根据样本来求解马尔可夫决策过程的最优策略。这种基于采样的强化学习称为免模型学习（model-free learning）。免模型学习的主要方法包括蒙特卡罗方法和时序差分学习。

1. 蒙特卡罗方法

在免模型学习中，因为强化学习的模型未知，策略迭代算法中的策略评估步骤无法执行，因此我们无法通过概率展开得到状态价值 $V(s)$。根据 $V(s) = \mathbb{E}[G_t \mid S_t = s]$，我们可以使用蒙特卡罗

方法进行多次采样求取平均累积奖励，来作为期望累积奖励的近似，从而替代策略评估步骤。

在模型未知的情况下，智能体只能从一个起始状态（或起始状态集合）开始探索环境。它在探索过程中，逐渐发现各个状态并估计状态价值函数。智能体使用一个策略 π，从起始状态 S_1 出发，执行动作 A_1，然后通过随机游走的方法来探索环境进行采样。当智能体执行该策略 T 步后，将获得一条轨迹，如式(6-20)所示：

$$e =< S_1, A_1, R_2, \cdots, A_{T-1}, R_{T-1}, S_T > \tag{6-20}$$

对轨迹中的每一个状态，智能体都将记录其奖励之和 $G_t = \sum_{k=0}^{T-t-1} \gamma^k R_{t+k+1}$，作为该状态的一次累积奖励采样值。多次采样得到多条轨迹后，对每个状态的累积奖励采样值求平均值，就得到状态价值函数的估计值，如式(6-21)所示（值得注意的是，所有的轨迹必须能终止）：

$$V(s) = \frac{\sum_{t=1}^{T} I[S_t = s] G_t}{\sum_{t=1}^{T} I[S_t = s]} \tag{6-21}$$

式(6-21)中，$I[S_t = s]$ 是指示函数（indicator function）。

同理，动作价值函数（Q 函数）的采样估计值如式(6-22)所示：

$$Q(s,a) = \frac{\sum_{t=1}^{T} I[S_t = s, A_t = a] G_t}{\sum_{t=1}^{T} I[S_t = s, A_t = a]} \tag{6-22}$$

根据 Q 函数的采样估计值，蒙特卡罗方法通过不断迭代来改进策略：

(1) 根据当前的 Q 函数，改进策略 $\pi(s) = \arg\max_{a \in A} Q(s,a)$；

(2) 根据改进的策略，使用 ϵ 贪心算法采样生成一条新的轨迹；

(3) 通过新的轨迹来估计新的 Q 函数，返回步骤(1)继续迭代，直到策略收敛。

Q 函数的准确采样估计需要多条不同的采样轨迹。如果智能体采用确定性策略而不是随机性策略，则对于某个状态智能体只会输出一个动作。这样采样只能得到多条相同的轨迹。为了探索新的轨迹，智能体需要采用 ϵ 贪心算法采样。对于一个目标策略 $\pi(s)$，ϵ 贪心算法如式(6-23)所示：

$$\pi_\epsilon(s) = \begin{cases} \pi(s) & \text{按照概率} 1-\epsilon \\ \text{随机选择} \mathcal{A} \text{中的其他动作} & \text{按照概率} \epsilon \end{cases} \tag{6-23}$$

从式(6-23)可以看出，ϵ 贪心算法根据目标策略 $\pi(s) = \arg\max_a Q(s,a)$ 选择当前最优动作的概率是 $1 - \epsilon + \dfrac{\epsilon}{|A|}$，而选择其他每个非最优动作的概率是 $\dfrac{\epsilon}{|A|}$。如此一来，每个动作都有可能被选取，多次采样会产生不同的采样轨迹。

2. 时序差分学习

蒙特卡罗方法需要拿到一条完整的采样轨迹后，才能进行策略评估来更新策略。而基于动态规划的策略迭代算法和价值迭代算法每执行一步策略后就对状态价值函数进行更新。相比之下，蒙特卡罗方法的计算效率较低。针对这个问题，时序差分学习（temporal difference learning）进行了改进。它引入了动态规划，从不完整的轨迹中学习而不需要跟踪完整的轨迹，从而提高了学习效率。同蒙特卡罗方法一样，时序差分学习也是通过采样来进行估计计算的，即对一个非终点状态 S_t，通过采样回报来更新当前状态价值函数。不同的是，时序差分学习对当前状态价值函数值采用增量计算的方法，如式(6-24)所示：

$$V(S_t) \leftarrow V(S_t) + \alpha[G_t - V(S_t)] \tag{6-24}$$

α 是一个学习参数，G_t 是在时刻 t 的总回报。如果采用蒙特卡罗方法，必须等到轨迹采样结束后，才能得到 G_t 值和其相对 $V(S_t)$ 的增量。而时序差分学习不需要等待那么长的时间。它仅需要在下一个时刻 $t+1$，通过观察到的回报 R_{t+1} 和对 $V(S_{t+1})$ 的估计来更新当前 $V(S_t)$ 的值，如式(6-25)所示：

$$V(S_t) \leftarrow V(S_t) + \alpha[R_{t+1} + \gamma V(S_{t+1}) - V(S_t)] \tag{6-25}$$

式(6-25)中，$R_{t+1} + \gamma V(S_{t+1}) - V(S_t)$ 被称为时序差分。$R_{t+1} + \gamma V(S_{t+1})$ 能代替 G_t 的原因是

$$\begin{aligned} V_\pi(s) &= \mathbb{E}_\pi\left[G_t \mid S_t = s\right] \\ &= \mathbb{E}_\pi\left[\sum_{k=0}^{\infty} \gamma^k R_{t+k} \mid S_t = s\right] \\ &= \mathbb{E}_\pi\left[R_t + \gamma \sum_{k=0}^{\infty} \gamma^k R_{t+k+1} \mid S_t = s\right] \\ &= \mathbb{E}_\pi\left[R_t + \gamma V(S_{t+1}) \mid S_t = s\right] \end{aligned} \tag{6-26}$$

同理，时序差分学习方法也可以更新 Q 函数值，如式(6-27)所示：

$$Q(S_t, A_t) \leftarrow Q(S_t, A_t) + \alpha(R_{t+1} + \gamma Q(S_{t+1}, A_{t+1}) - Q(S_t, A_t)) \tag{6-27}$$

根据上述式子，时序差分学习主要有两种方法：SARSA 算法和 Q 学习算法。

SARSA（Rummery and Niranjan, 1994）的全称是 state action reward state action 算法，即通过当前状态（state）、动作（action）、奖励值（reward）、下一步状态（state）和动作（action）的计算来得到最优策略。为了提高计算效率，它只通过一个五元组 $(S_t, A_t, R_{t+1}, S_{t+1}, A_{t+1})$ 来更新 Q 函数值进行模型评估，S_{t+1} 和 A_{t+1} 是估计的下一步状态和动作。SARSA 算法的具体步骤如下所示。

SARSA 算法

输入：状态空间 $\mathcal{S}$，动作空间 $\mathcal{A}$，折扣率 $\gamma \in (0,1]$，学习率 $a \in (0,1]$

　$\forall S, \forall A$，随机初始化 Q 函数

repeat 对每一条轨迹：
　初始化状态 S_0

　# ϵ 贪心算法参见式(6-23)
　repeat 对轨迹上的每个时间步 t：
(1) 使用 ϵ 贪心算法选择动作 $A_t = \pi_\epsilon(S_t)$ 并执行，得到奖励 R_{t+1}，进入下一个状态 S_{t+1}
(2) 在状态 S_{t+1} 下，再使用 ϵ 贪心算法选择下一个动作 A_{t+1} 并更新 Q 函数
　　　　$A_{t+1} = \pi_\epsilon(S_{t+1})$
　　　　$Q(S_t, A_t) \leftarrow Q(S_t, A_t) + a(R_{t+1} + \gamma Q(S_{t+1}, A_{t+1}) - Q(S_t, A_t))$
　　　(3) 进入下一个时间步
　　until S 是一个最终状态

　until $\forall S, \forall A, Q(S, A)$ 收敛
输出：策略 $\pi(S) = \arg\max_{A \in \mathcal{A}} Q(S, A)$

SARSA 算法选择动作的策略（behavior policy）和更新 Q 函数值的策略（target policy）都使用了 ϵ 贪心算法，所以 SARSA 被称为同策略（on-policy）时序差分学习。

Q 学习算法（Watkins and Dayan，1992）选择动作的策略使用 ϵ 贪心算法，而更新 Q 函数值的策略使用贪心算法（确定使 Q 函数值最优的动作）。所以，Q 学习算法被称为异策略（off-policy）时序差分学习。Q 学习算法的具体步骤如下所示。

Q 学习算法

输入：状态空间 $\mathcal{S}$ ，动作空间 $\mathcal{A}$ ，折扣率 $\gamma \in (0,1]$ ，学习率 $a \in (0,1]$

$\forall S, \forall A$ ，随机初始化 Q 函数

repeat 对每一条轨迹：

初始化状态 S_0

repeat 对轨迹上的每一个时间步 t ：

(1) 使用 ϵ 贪心算法选择动作 $A_t = \pi_\epsilon(S_t)$ 并执行，得到奖励 R_{t+1} ，进入下一个状态 S_{t+1}

(2) 使用贪心算法更新 Q 函数：

$$Q(S_t, A_t) \leftarrow Q(S_t, A_t) + a(R_{t+1} + \gamma \max_{a^* \in \mathcal{A}} Q(S_{t+1}, a^*) - Q(S_t, A_t))$$

(3) 进入下一个时间步

until S 是一个最终状态

until $\forall S, \forall A, Q(S, A)$ 收敛

输出：策略 $\pi(S) = \arg\max_{A \in \mathcal{A}} Q(S, A)$

与 SARSA 算法不同，Q 学习算法并没有根据 S_{t+1} 状态的策略选择动作 A_{t+1} 来更新 Q 函数值，而是直接用最优 Q 值来更新。具体哪个动作 a^* 能得到最优 Q 值，Q 学习算法并不关心，因为下一步可能并不会选择动作 a^*。

3. 时序差分学习扩展

上述时序差分学习仅在轨迹链（或动作链）上通过下一步来估计回报和更新价值函数。实际上，时序差分学习可以通过扩展多步来估计回报和更新价值函数。它通过不同的 n 步估计的回报 $G_t^{(n)}(n = 1, \cdots, \infty)$ 如表 6-1 所示。

表 6-1　时序差分学习不同 n 步的估计回报

步　骤	回报 G_t	备　注
$n = 1$	$G_t^{(1)} = R_{t+1} + \gamma V(S_{t+1})$	1 步时序差分学习
$n = 2$	$G_t^{(2)} = R_{t+1} + \gamma R_{t+2} + \gamma^2 V(S_{t+2})$	2 步时序差分学习
$\vdots$		
$n = n$	$G_t^{(n)} = R_{t+1} + \gamma R_{t+2} + \cdots + \gamma^{n-1} R_{t+n} + \gamma^n V(S_{t+n})$	n 步时序差分学习
$\vdots$		
$n = \infty$	$G_t^{(\infty)} = R_{t+1} + \gamma R_{t+2} + \cdots + \gamma^{T-t-1} R_T + \gamma^{T-t} V(S_T)$	蒙特卡罗方法

从表 6-1 中可以看出，当时序差分学习使用最大步来估计回报时，它就变成了蒙特卡罗方法。

n 步时序差分学习更新状态价值函数的方法如式(6-28)所示：

$$V(S_t) \leftarrow V(S_t) + a\left(G_t^{(n)} - V(S_t)\right) \tag{6-28}$$

时序差分学习可以选择不同的 n 值来估计回报，但是很难知道哪个 n 值最优。所以，我们一般不使用单个 n 值，而是用所有可能 n 步回报的加权和。每一步的回报都有一个对应的权重值 λ^{n-1}（$\lambda \in (0,1)$），且权重值随着 n 的增大而不断衰减。为了使得所有 n 步（$n \rightarrow \infty$）的权重值的和为 1，我们对每个权重值乘以 $(1-\lambda)$。于是，我们得到了被称为 λ 回报的回报估计值：

$$G_t^{\lambda} = (1-\lambda)\sum_{n=1}^{\infty}\lambda^{n-1}G_t^{(n)} \tag{6-29}$$

使用 λ 回报估计值的时序差分学习称为时序差分学习 (λ) 方法。

6.3.3　基于值函数和基于策略函数的学习

1. 基于值函数的学习

上述有模型学习中的策略迭代算法和价值迭代算法以及免模型学习中的蒙特卡罗方法和时序差分学习，都需要先得到状态的状态价值函数或动作价值函数（Q 函数），再选择对应的动作，可以将它们称为基于值函数的学习方法。当值函数为最优时，策略是最优的。此时的最优策略一般是贪心算法 $\pi = \arg\max_a Q(s,a)$，即在状态为 s 时，对应最大动作价值函数 Q 的动作。基于值函数的学习得到的策略往往是状态空间向有限集合动作空间的映射，而且它通过值函数学习到一个策略 $\pi_\theta(a|s)$ 作为最优策略。

2. 基于策略函数的学习

基于策略函数的学习是在策略空间直接搜索来得到最优策略的，也称策略搜索（policy search）。它用参数化的线性函数或非线性函数（例如神经网络）来表示策略 $\pi(a|s;\theta)$，寻找最优的参数来最大化期望回报。基于策略函数的学习本质上是一个优化问题。该方法在连续空间有优势，因为连续空间有无限多的动作或者状态，而基于值函数的学习在连续空间的计算量过大。

策略梯度（policy gradient）是一种对策略函数进行梯度优化的强化学习方法。它通过一个策略函数 $\pi(a \mid s; \theta)$ 来最大化奖励函数，从而直接学习策略。奖励函数的定义如式(6-30)所示：

$$J(\theta) = \sum_{s \in \mathcal{S}} d_{\pi_\theta}(s) V_{\pi_\theta}(s) = \sum_{s \in \mathcal{S}} (d_{\pi_\theta}(s) \sum_{a \in \mathcal{A}} \pi(a \mid s; \theta) Q_{\pi_\theta}(s, a)) \tag{6-30}$$

式(6-30)中 d_{π_θ} 是 π_θ（指策略 π 下的同策略状态分布）的马尔可夫链的平稳分布。假设智能体在马尔可夫链上自由、无限地转换状态，则最终停留在某个状态的概率是固定的，即平稳分布。d_{π_θ} 可以表示为 $d_{\pi_\theta} = \lim_{t \to \infty} P(s_t = s \mid s_0, \pi_\theta)$。

计算奖励函数 $J(\theta)$ 的梯度可以使用数值法。该方法通过对自变量的微小变动来计算其导数，如式(6-31)所示：

$$\frac{\partial J(\theta)}{\partial \theta_k} \approx \frac{J(\theta + \epsilon u_k) - J(\theta)}{\epsilon} \tag{6-31}$$

或者使用解析法，如式(6-32)所示：

$$\begin{aligned}
J(\theta) &= \sum_{s \in \mathcal{S}} d_{\pi_\theta}(s) \sum_{a \in \mathcal{A}} \pi(a \mid s; \theta) Q_{\pi_\theta}(s, a) \propto \sum_{s \in \mathcal{S}} d(s) \sum_{a \in \mathcal{A}} \pi(a \mid s; \theta) Q_\pi(s, a) \\
\nabla J(\theta) &= \sum_{s \in \mathcal{S}} d(s) \sum_{a \in \mathcal{A}} \nabla \pi(a \mid s; \theta) Q_\pi(s, a) \\
&= \sum_{s \in \mathcal{S}} d(s) \sum_{a \in \mathcal{A}} \pi(a \mid s; \theta) \frac{\nabla \pi(a \mid s; \theta)}{\pi(a \mid s; \theta)} Q_\pi(s, a) \\
&= \sum_{s \in \mathcal{S}} d(s) \sum_{a \in \mathcal{A}} \pi(a \mid s; \theta) \nabla \log \pi(a \mid s; \theta) Q_\pi(s, a) \\
&= \mathbb{E}_{\pi_\theta}[\nabla \log \pi(a \mid s; \theta) Q_\pi(s, a)]
\end{aligned} \tag{6-32}$$

式(6-32)被称为策略梯度定理（policy gradient theorem），是策略梯度方法的理论基础。下面，我们将介绍两种经典的策略梯度方法：REINFORCE 算法和演员-评论员算法。

3. REINFORCE

REINFORCE 算法（Willams, 1992）又称蒙特卡罗策略梯度方法，它依赖蒙特卡罗方法估计的 $Q_\pi(s, a)$ 来更新策略参数 θ。它的具体步骤如下所示。

REINFORCE 算法

输入：状态空间 $\mathcal{S}$，动作空间 $\mathcal{A}$，可微分的策略函数 $\pi(a\,|\,s;\theta)$，打折率 γ

随机初始化参数 θ

repeat

　　根据策略 $\pi(a\,|\,s;\theta)$ 生成一条轨迹：$s_0, a_0, s_1, a_1, \cdots, s_{T-1}, a_{T-1}, s_T$

　　for $t = 0$ to T do

　　　　计算估计回报 G_t

　　　　$\theta \leftarrow \theta + a\gamma^t G_t \nabla \log \pi(a_t\,|\,s_t;\theta)$

until π_θ 收敛

输出策略 π_θ

4. 演员–评论员算法

演员–评论员算法（actor-critic algorithm）是一种结合策略梯度和时序差分学习的强化学习方法。其中的评论员会更新价值函数（状态价值函数或 Q 函数），演员会根据评论员建议的方向更新策略的参数 θ。它的具体步骤如下所示。

演员–评论员算法

输入：状态空间 $\mathcal{S}$，动作空间 $\mathcal{A}$，可微分的策略函数 $\pi(a\,|\,s;\theta)$，可微分的 Q 函数 $Q(s,a;w)$，学习率 $a_\theta > 0$ 和 $a_w > 0$，打折率 γ

随机初始化参数 θ 和 w

for $t = 1 \ldots T$

(1) 采样奖励 $r_t \sim R(s,a)$ 和下一个状态 $s' \sim P(s'\,|\,s,a)$

(2) 采样下一个动作 $a' \sim \pi(s',a';\theta)$

(3) 更新策略参数：$\theta \leftarrow \theta + a_\theta Q(s,a;w) \nabla_\theta \ln \pi(a\,|\,s;\theta)$

(4) 计算在时间 t Q 值的更新

$$G_{t+1} = r_t + \gamma Q(s',a';w) - Q(s,a;w)$$

然后用其去更新 Q 函数参数

$$w \leftarrow w + a_w G_{t+1} \nabla_w Q(s,a;w)$$

(5) 更新 $a \leftarrow a'$，$s \leftarrow s'$

6.4 深度强化学习

神经网络在早期就应用于强化学习。近年来，深度强化学习（DRL）结合了深度学习与强化学习，在机器人控制、计算机游戏等方面取得了显著的进步。DRL 认为强化学习中的策略是基于一组参数的函数，可以使用深度神经网络来模拟该函数，并且通过随机梯度下降方法来优化参数（Arulkumaran et al., 2017；Li, 2018）。

前面介绍了强化学习的 Q 学习方法。它先评估每个动作的 Q 函数值，再根据 Q 函数值求解最优策略。它本质上是一种通过"表格"进行计算的方法，即 Q 学习通过记录一个巨大的表格，根据过去出现过的状态，迭代计算 Q 函数值。当状态空间和动作空间比较大时（例如连续的状态空间和动作空间），Q 学习的计算成本太大，甚至无法计算。于是，人们提出了通过函数来近似计算 Q 函数值。这种思想被称为函数近似，如式(6-33)所示：

$$Q(s,a;\theta) \approx Q^*(s,a) \tag{6-33}$$

线性模型和非线性模型都可以用来对 Q 函数进行拟合。传统的函数拟合一般是通过线性模型和人工特征的方式来进行的，而使用非线性模型通常会遇到不稳定和无法收敛等问题。2015 年，Mnih 等人（Mnih et al., 2015）提出了深度 Q 网络（deep Q-network，DQN），这种方法使用深度神经网络进行 Q 学习，取得了不错的效果。DQN 采用深度神经网络进行 Q 函数拟合，从而实现了端到端的模型训练，更重要的是它采用了以下两个创新技巧。

- ❑ **经验重放**（experience replay）。在监督学习中，假设样本是独立同分布的。而在强化学习中，样本之间有很强的相关性，因为当前时刻的状态和上一时刻的状态有关。非独立同分布的样本对训练神经网络有很大影响，会使神经网络拟合到最近训练的样本上。经验重放构建一个重放缓存区将智能体在环境中最近经历的样本（即四元组(状态,动作,奖励,下一个状态)）都存储下来。在训练 Q 网络时，在重放缓存区内随机抽取样本来代替当前样本，从而去除相关性。
- ❑ **周期性更新目标网络**（periodically update target network）。该技巧的核心思想是从训练网络复制一个目标网络，在一个时间段内固定目标网络中的参数，从而稳定训练网络学习目标，便于收敛。

6.5　深度强化学习在 NLP 中的应用

DRL 已经在 NLP 中得到了一定的应用。Narasimhan 等人（Narasimhan et al., 2016）将 NLP 中的信息提取过程视为一个马尔可夫决策过程，提出采用 DRL 来处理信息提取任务。He 等人（He et al., 2016）将 DRL 应用在机器翻译任务中。DRL 主要的 NLP 应用为文本摘要、自动问答和对话系统。这些任务具有强化学习的场景，特别是在对话系统中，DRL 常用于发现机器与人的最佳对话策略（dialog policy）。本书后面的章节会对这些 NLP 任务做详细介绍。

在文本摘要任务中，Paulus 等人（Paulus et al., 2018）首先使用强化学习的自批评（self-critical）策略梯度算法来训练文本摘要模型。他们还提出了一种结合了强化学习损失与传统的交叉熵损失的目标函数，提高了生成摘要的可读性。Celikyilmaz 等人（Celikyilmaz et al., 2018）提出在 Seq2Seq 模型的编码器-解码器架构中引入深度交流智能体，来处理长文档的生成式文本摘要问题。长文档被分配给多个合作智能体，每个智能体处理输入文档的一部分。这些编码器连接起来输入一个单独的解码器，然后利用 DRL 生成统一的文本摘要。Zhang 等人（Zhang et al., 2017）使用 DRL 来简化长句，使其易于阅读和理解。DRL 能探索所有句子可简化的空间，并且能优化模型参数，使得简化后的句子简单、通顺并且保持原意。

在自动问答任务中，Wang 等人（Wang et al., 2018a）提出了一个开放领域的自动问答系统 R3。它包含两个主要模块：排序模块和阅读模块（也是机器阅读理解模块）。排序模块对给定问题选择最有可能包含答案的段落传递给阅读模块，阅读模块则从段落中找到正确答案的位置。排序模块是基于强化学习算法来训练的。它将排序模块视作一个智能体，其奖励由阅读模块能否从排序模块提供的段落中提取出答案来决定。Xiong 等人（Xiong et al., 2017）将 DRL 应用到知识图谱解释（knowledge graph reasoning）中。给定两个实体，知识图谱解释会返回两者在知识图谱中的关系。其经常应用到自动问答任务中。Xiong 等人利用深度 Q 网络（Mnih et al., 2015）在知识图谱中学习多步关系路径（multi-hop relational path）并得到两个实体路径中最好的路径。模型的奖励函数考虑了关系路径搜索的准确性、多样性和效率。

在对话系统任务中，Li 等人（Li et al., 2016）使用 DRL 来训练聊天机器人对话。他们的模型采用编码器-解码器架构来模拟两个虚拟智能体对话，模型参数通过策略梯度的方法来训练得到最大的未来奖励。该模型奖励的对话具有以下特征：信息量大（没有重复的交谈）、信息一致和易于互动。之后，Li 等人（Li et al., 2017）进一步结合 DRL 和对抗学习来训练对话系统模型。

第 7 章

机器翻译

机器翻译是指利用计算机自动将源语言文字翻译成语义相同的目标语言文字的过程。它是 NLP 的一个重要的研究和应用方向。神经机器翻译（neural machine translation，NMT）目前已经成为主流方法，其中使用了 Seq2Seq、Transformer 和注意力机制等多项深度学习技术。

7.1 机器翻译的发展历程

机器翻译的研究始于 20 世纪 50 年代。美国乔治敦大学与 IBM 在 1954 年利用 IBM-701 计算机首次完成了从俄文到英文的机器翻译实验。当时，机器翻译是基于规则的。它的核心思想是先由语言学家总结出不同自然语言之间的转换规律，再据此进行翻译。虽然规则方法能在句法和语义等深层次方面实现自然语言的分析、转换和生成，对语法结构规范的句子有较好的翻译效果，但是存在翻译知识获取困难、规则定义复杂，以及难以处理非规范语言等不足之处。

从 20 世纪 90 年代开始，统计机器翻译（statiscial machine translation，SMT）被提出并开始取代基于规则的机器翻译。Brown 等人（Brown et al., 1990；Brown et al., 1993）提出了基于信源信道模型的统计机器翻译模型。它将机器翻译看成一个信息传输过程，用信源信道模型来描述机器翻译，即认为源语言文本 S 是由目标语言文本 T 经过某种编码得到的，翻译的目标是通过解码将 S 还原成 T。2003 年，Koehn 等人（Koehn et al., 2003）介绍了基于短语的统计机器翻译模型。Och 和 Ney（Och, 2003；Och and Ney, 2004）提出了对齐模板系统并将对数线性（log-liner）模型成功应用于统计机器翻译。对数线性模型可以将各种知识作为特征函数直接用于建模。Chiang（Chiang, 2005）提出了基于层次短语的统计机器翻译模型。SMT 的核心思想是通过短语切分、词语对齐、短语调序等方法来进行翻译，利用特征表示翻译规律，并根据特征的局部性采用动态规划算法实现高效翻译。SMT 一般分为基于词的模型和基于短语的模型，前者较难处理句子中的单词位置顺序信息；后者虽然能更好地处理位置顺序信息和复杂语法，但不能很好地处理文本间的上下文长程依赖，难以保证翻译的一致性。

2013 年，Kalchbrenner 和 Blunsom（Kalchbrenner and Blunsom, 2013）提出使用 RNN 进行机器翻译。Sutskever 等人（Sutskever et al., 2014）、Cho 等人（Cho et al., 2014）、Bahdanau 等人（Bahdanau et al., 2014）提出基于 Seq2Seq 模型编码器–解码器架构的 NMT，标志着机器翻译进入深度学习时代。2016 年，Wu 等人（Wu et al., 2016）公布了谷歌的 NMT 系统。该系统采用 LSTM 作为编码器和解码器（均为 8 层），解码器和编码器之间使用残差连接和注意力机制，这使机器翻译的水平达到了新的高度。Gehring 等人（Gehring et al., 2017）提出了基于 CNN 的 Seq2Seq 模型。2017 年，Vaswani 等人（Vaswani et al., 2017）提出了基于 Transformer 的 Seq2Seq 模型，它在训练速度和翻译质量上都大幅提升。2018 年，Hassan 等人（Hassan et al., 2018）宣称 NMT 在新闻领域的翻译（例如从中文到英文的翻译）已经达到了人类水平。

7.2　神经机器翻译

相较于 SMT，NMT 具有以下两个主要优点。

- ❑ **能直接从原始数据中学习特征**。SMT 需要人工设计翻译模型特征。由于自然语言的复杂性，人工设计覆盖所有语言现象的特征比较困难。而 NMT 能够直接从原始数据（通常是平行语料库，即源语言和目标语言的句子一一对应的数据集）中自动学习特征。例如，Seq2Seq 模型编码器生成的句子表征能够帮助聚合句法不同但语义相似的句子，还可以帮助区分句法相同但语义不同的句子（例如调换主语和宾语的句子）。
- ❑ **能较好地处理上下文的长程依赖**。在表示相同含义的语言表达时，不同语言之间的词语顺序差异很大。这种语言结构的差异给 SMT 带来了很大挑战。SMT 系统经常在单个词语上翻译准确，但在整体上难以形成合乎语法的句子。问题的根源在于 SMT 的文本隐藏结构假设，例如，基于短语的 SMT 会假设源语言和目标语言都由短语序列组成，这些短语之间存在对齐关系。SMT 为了在指数级的文本隐藏结构组合空间中实现高效搜索，不得不仅用局部信息，**即只考虑当前短语与周围几个短语之间的关系，缺乏对上下文的整体考虑**。此外，SMT 使用更多的上下文信息会面临严重的数据稀疏问题。相比于 SMT，NMT 能够通过神经网络有效地捕获上下文的长程依赖，同时通过向量表征缓解数据稀疏问题，从而显著提升翻译的流畅度和可读性。

目前，NMT 的主流模型是 Seq2Seq 模型。第 4 章简要介绍了 Seq2Seq 模型及其在机器翻译中的应用。该模型采用编码器-解码器架构来实现不同语言之间序列到序列的翻译。编码器和解码器通常是 RNN、CNN 或者 Transformer。

NMT 的学习主要分为训练阶段和预测阶段。在训练阶段，NMT 使用大量原始数据来训练模型。Seq2Seq 模型首先对输入源语言文本中的每个单词生成词表征，然后通过编码器从左到右编码生成上下文向量。该向量是一个稠密且连续的实数向量。然后 Seq2Seq 模型使用解码器将该上下文向量进行解码，生成目标语言文本的翻译。在训练过程中，Seq2Seq 模型会根据目标语言文本的真实翻译结果与模型预测结果之间的差异，不断更新模型参数来最小化差异，使得模型能逐步提高翻译准确度。在预测阶段，NMT 使用训练好的模型对输入源语言文本生成目标语言文本的翻译。Seq2Seq 模型首先将输入源语言文本通过编码器转换为上下文向量，然后使用解码器生成目标语言文本的翻译。

本质上，Seq2Seq 模型处理的是条件序列生成问题，给定一个序列 $x_{1:S}$，生成另一个序列 $y_{1:T}$。输入序列的长度 S 和输出序列的长度 T 可以不同。条件概率如式(7-1)所示：

$$p_\theta(y_{1:T} \mid x_{1:S}) = \prod_{t=1}^{T} p_\theta(y_t \mid y_{1:(t-1)}, x_{1:S}) \tag{7-1}$$

其中 $y_t \in V$，是词典 V 中的某个词。

Seq2Seq 模型的训练目标是最大化以上条件概率。给定一组训练数据 $\left\{(x_{S_n}, y_{T_n})\right\}_{n=1}^{N}$，最大似然估计被用来训练模型参数，如式(7-2)所示：

$$\hat{\theta} = \arg\max_\theta \sum_{n=1}^{N} \log p_\theta(y_{1:T_n} \mid x_{1:S_n}) \tag{7-2}$$

一旦训练完成，Seq2Seq 模型就可以根据一个输入序列 x 来生成最有可能的目标序列，如式(7-3)所示：

$$\hat{y} = \arg\max_y p_{\hat{\theta}}(y \mid x) \tag{7-3}$$

翻译序列的具体生成过程可以通过贪心搜索或者束搜索（beam search）等算法来完成。和一般的序列生成模型类似，条件概率 $p_\theta(y_t \mid y_{1:(t-1)}, x_{1:S})$ 可以使用不同的神经网络（例如 RNN、CNN

或者 Transformer）来实现。

NMT 是当前机器翻译的主流方法。NMT 技术的出现使得机器翻译质量大幅提高，但它仍然面临许多挑战。

- NMT 的 Seq2Seq 模型存在曝光偏差（exposure bias）问题。
- NMT 对长文本的上下文长程依赖的处理水平仍然有待提高。长句子和复杂的句子结构可能会导致 NMT 无法正确捕捉句子中各个单词之间的依赖关系，导致翻译出错。
- NMT 的 Seq2Seq 模型常用自回归机器翻译（auto-regressive machine translation，ART），即每一步翻译的生成都依赖之前步翻译的生成结果，只能逐个生成译文单词，翻译的速度较慢。
- NMT 需要能利用文本、图像和视频等多模态数据来帮助提高翻译质量。
- NMT 需要能利用迁移学习对不同语种和不同资源的数据进行利用。例如，当需要在多种语言之间进行翻译时，训练多语言翻译模型可以减少所需的翻译模型数目，同时提升少资源自然语言的翻译质量。

7.3　基于 RNN 的 Seq2Seq 模型

基于 RNN 的 Seq2Seq 模型的编码器和解码器都是通过 RNN 实现的。编码器 f_{enc} 将一个任意长度的输入序列 $x_{1:S}$ 编码转化成一个固定维度的上下文向量 c。它是 f_{enc} 最后时刻的隐藏状态，如式(7-4)和式(7-5)所示：

$$h_t^{enc} = f_{enc}\left(h_{t-1}^{enc}, e_{x_{t-1}}, \theta_{enc}\right) \qquad \forall t \in [1:S] \qquad (7\text{-}4)$$

$$c = h_S^{enc} \qquad (7\text{-}5)$$

式(7-4)中，$f_{enc}(.)$ 可以是 RNN、LSTM 或者 GRU，参数为 θ_{enc}，e_x 为输入词 x 的词向量。

编码器可以由多个 LSTM 堆叠而成，每层的输出是下一层的输入。最后一层 LSTM 最后时刻的隐藏状态为上下文向量 c。其示意图如图 7-1 所示。

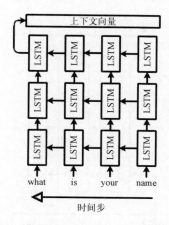

图 7-1　基于 RNN 的 Seq2Seq 模型编码器

解码器在生成目标序列时，同样使用 RNN f_{dec} 来进行解码。在解码过程的第 t 步，解码器已生成前缀序列，为 $y_{1:(t-1)}$ 。h_t^{dec} 表示第 t 步时 f_{dec} 的隐藏状态，$o_t \in (0,1)^{|V|}$ 为词表中所有词的后验概率，如式(7-6)、式(7-7)和式(7-8)所示：

$$h_0^{\mathrm{dec}} = \boldsymbol{c} \tag{7-6}$$

$$h_t^{\mathrm{dec}} = f_{\mathrm{dec}}(h_{t-1}^{\mathrm{dec}}, e_{y_{t-1}}, \theta_{\mathrm{dec}}) \tag{7-7}$$

$$o_t = g(h_t^{\mathrm{dec}}, \theta_s) \tag{7-8}$$

其中，$f_{\mathrm{dec}}(.)$ 为基于 RNN 的解码器，$g(.)$ 为最后一层，是 softmax 函数的前馈神经网络，θ_{dec} 和 θ_s 为网络参数，$\boldsymbol{e}_y$ 为输出 y 的词向量，y_0 为一个特殊符号，表示输出生成的开始。

我们可以认为解码器其实是一个语言模型，它能根据已经解码的单词和当前输入来解码输出下一个单词。解码器同样可以使用 LSTM 堆叠架构，如图 7-2 所示。

图 7-2 中第一层的隐藏状态由编码器输出的上下文向量来进行初始化。解码器开始输入特殊符号 <GO> 表示生成输出序列的开始，然后输入通过三层 LSTM，最后到达 softmax 输出层，生成第一个输出词。得到第一个输出词后，我们再将该词重新输入解码器第一层，来生成下一个新的输出词。对于解码器的训练，我们可以基于输出序列和标注序列定义损失函数（例如交叉熵），通过梯度下降方法和反向传播算法使用最小化损失函数。一般情况下，会同时训练编码器和解码器，使得两者学到同样的上下文向量表示。

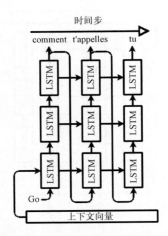

图 7-2　基于 RNN 的 Seq2Seq 模型解码器

　　在自然语言中，句子中当前词的语义既可能依赖其前面的词，也可能依赖后面的词。而上述的 Seq2Seq 模型，在某个时间点，只考虑了当前词前面的词的信息。于是，双向 RNN 被用来解决上述问题，如图 7-3 所示。它通过从正向和反向分析输入序列并将两个输出上下文向量连接输出 $o_t = \left[o_t^{(f)} o_t^{(b)} \right]$，对应整个句子 t 个词的输出 o_t。其中 $o_t^{(f)}$ 是前向 RNN 对词 t 的输出，而 $o_t^{(b)}$ 是对应的反向 RNN 的输出。同理，最终的隐藏状态是 $h = \left[h^{(f)} h^{(b)} \right]$，这里 $h^{(f)}$ 是前向 RNN 的最终状态，而 $h^{(b)}$ 是反向 RNN 的最终状态。

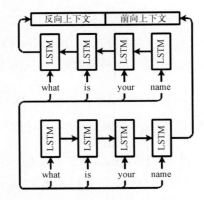

图 7-3　单层双向 LSTM 编码器的示意图

　　第 4 章简要介绍了注意力机制在神经机器翻译中的应用。例如，当看到句子 "The cat is on the porch." 时，读者一般不会对句中的 6 个词有同样的关注度，而是会特别注意几个重要的词，如 "cat" 和 "porch"，即句子的不同部分对句子语义的重要性不同。机器翻译的不同输出部分认为不同的输入部分的重要性也不同。例如，翻译中第一个词的输出通常对应输入的头几个词，而最后一个词的输出基于最后几个词的输入。所以，注意力机制可以让解码器在每个解码步骤对整个输入序列进行观察。解码器可以决定在哪个时间点输入的词是重要的。在 Seq2Seq 模型解码过程的第 t 步，先用上一步的隐藏状态 h_{t-1}^{dec} 作为查询向量，利用注意力机制从所有输入序列的隐藏状态 $H^{\text{enc}} = \left[h_1^{\text{enc}}, \cdots, h_S^{\text{enc}} \right]$ 中选择相关信息，如式(7-9)所示：

$$
\begin{aligned}
c_t = \text{attention}\left(H^{\text{enc}}, h_{t-1}^{\text{dec}} \right) &= \sum_{i=1}^{S} a_i h_i^{\text{enc}} \\
&= \sum_{i=1}^{S} \text{softmax}\left(w\left(h_i^{\text{enc}}, h_{t-1}^{\text{dec}} \right) \right) h_i^{\text{enc}}
\end{aligned}
\tag{7-9}
$$

其中，$w(.)$ 为注意力机制的打分函数。我们可以将从输入序列中选择的信息 c_t 作为解码器 $f_{\text{dec}}(.)$ 在第 t 步的输入，得到第 t 步的隐藏状态，如式(7-10)所示：

$$
h_t^{\text{dec}} = f_{\text{dec}}\left(h_{t-1}^{\text{dec}}, e_{y_{t-1}}, \theta_{\text{dec}} \right)
\tag{7-10}
$$

注意力机制的模型学习针对输出的每一步，给输入的不同部分赋予不同的权重。在机器翻译中，注意力机制可以视为一种对应关系。注意分数 $\beta_{i,j}$ 表示在解码器的第 i 个步骤中输出的词与原句子中第 j 个词的对应关系强弱。基于此，我们可以生成一个原输入句子和输出句子中词的翻译对照表。

基于 RNN 的 Seq2Seq 模型在实际应用中取得了良好的效果，但仍然存在以下问题。

□ **曝光偏差**。它是指 Seq2Seq 模型在训练阶段使用了教师强制（teacher forcing）策略，而在预测阶段采用了自回归（auto-regressive）策略，造成模型的训练过程和预测过程数据不一致，引发预测偏差的问题。Seq2Seq 模型在训练阶段使用的是带有标签的真实训练数据，解码器在当前时间步的输入是上一个时间步的真实训练数据标签，而不是 Seq2Seq 模型在上一个时间步的预测值。这个过程被称为教师强制策略。所以，Seq2Seq 模型在训练阶段从来没有看过本身模型的输出（我们称之为输出没有曝光）。而在预测阶段，Seq2Seq 模型解码器在当前时间步的输入是上一个时间步本身模型的预测值，看到的是本身模型的输出。这个过程被称为自回归策略。两个过程的数据不一致会导致模型在预测时表现不佳，较难处理生僻词和长句子等复杂情况，即出现过拟合现象；并且翻译结果的稳定性会变差，同一输入会在多次翻译中产生不同输出。缓解曝光偏差问题可以采用计划采样（scheduled sampling）方法。它的基本思想是模型在训练阶段随机选择标注数据还是前一步的预测数据作为下一步的输入，这样能减少对标注数据的依赖，从而使模型更好地适应预测阶段的数据分布（Zhang et al., 2019）。

- 上下文长程依赖问题。编码器最终生成的上下文向量的“记忆”容量较小，无法表达整个输入句子丰富的语义信息。当输入序列较长时，编码器容易丢失信息。
- 由于需要对输入序列进行顺序处理，导致存在翻译速度慢的问题。Gu 等人（Gu et al., 2018）提出一个非自回归翻译（non-autoregressive machine translation，NAT）模型来并行解码译文，提高了翻译速度，但有时会出现漏译（即翻译会漏掉关键词）和过译（即不断重复地翻译某些词语）现象。

针对以上问题，Transformer 被提出用来替代 RNN（2.8 节有所介绍）。Transformer 使用自注意力机制来对文本序列进行处理。它的编码器和解码器由自注意力模块和前馈神经网络构成，具有高度并行化的模型架构，在计算速度上远超 RNN，而且能较好地解决长程依赖问题。

7.4   基于 CNN 的 Seq2Seq 模型

Gehring 等人（Gehring et al., 2017a）使用 CNN 作为 Seq2Seq 模型的源端编码器。随后，他们（Gehring et al., 2017b）提出了完全基于 CNN 的机器翻译模型，其模型架构如图 7-4 所示。

与 RNN 不同，CNN 在处理输入和输出序列中的一个单词时，无法得知该单词在原句中的位置。因此，与 Transformer 类似，该模型也需要使用单词的位置编码来表示其在原句中的位置信息，并与单词的词嵌入相加作为模型的输入。

从图 7-4 中可以看出，编码器由多个卷积模块堆积而成，每个卷积模块由一个卷积函数和非线性函数组成，来对输入序列进行编码。卷积模块的输入 $X \in \mathbb{R}^{kd}$（k 为输入窗口大小，d 为输入向量维数）。卷积核的大小 $W \in R^{2d \times kd}$，其将输入编码为 $2d$ 长度的向量，通过门控线性单元（gated linear unit，GLU）线性变换为 d 维向量。随后，卷积模块的输入通过残差连接与 GLU 输出相连，得到卷积模块的输出。

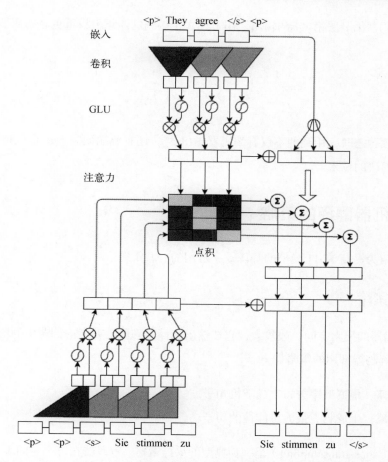

图 7-4 基于 CNN 的 Seq2Seq 模型架构［图片来自（Gehring et al., 2017b）］

解码器与编码器的结构基本相同，也是由多个卷积模块堆叠而成的。在卷积模块编码后，解码器的第 l 层对解码器的第 u 层使用注意力机制，首先对解码器的隐含变量 h_i^l 做变换，如式(7-11)所示：

$$d_i^l = W_d^l h_i^l + b_d^l + g_i \tag{7-11}$$

其中，g_i 为目标端第 i 个词的嵌入，W 和 b 为线性变换的参数。求出对源端第 u 层的注意力，如式(7-12)所示：

$$a_i^j = \frac{\exp(d_i^l \times z_j^u)}{\sum_{j=1}^m \exp(d_i^l \times z_j^u)} \tag{7-12}$$

其中，z_j^u 为编码器第 u 层第 j 步的输出。用上述式子得到的注意力权重更新解码器的隐藏状态，如式(7-13)所示：

$$c_i^l = \sum_{j=1}^{m} a_{ij}^l (z_j^u + e_j) \tag{7-13}$$

在更新隐藏状态时，用到的不仅有编码器输出 z_j^u，还有源端词嵌入 e_j。得到的结果 c_i^l 将作为下一个卷积模块的输入。

7.5　神经机器翻译的策略

本节将介绍为提高 NMT 模型的翻译效率常用的一些策略。

7.5.1　解码策略

NMT 解码器的搜索空间一般较大，它在输出翻译时一般需要考虑词典中的所有词。为了缩小搜索范围，解码器常用的策略如下。

- **采样策略**：根据概率分布生成随机句子。
- **搜索策略**：生成具有最大可能性的句子。

向前采样（ancestral sampling）是一种典型的采样策略。解码器在每个时间步 t，基于过去的输出，根据式(7-14)随机生成一个个单词：

$$y_t \sim P(y_t \mid y_1, \cdots, y_{t-1}, X) \tag{7-14}$$

理论上，这个策略是有效和渐进精确的，但在实际系统中较少采用。

搜索策略主要包括贪心搜索算法和束搜索算法。贪心搜索是指在每个时间步 t，解码器在字典中选择最有可能输出的单词，如式(7-15)所示：

$$x_t = \arg\max_{\tilde{x}_t} P(\tilde{x}_t \mid x_1, \cdots, x_n) \tag{7-15}$$

这个方法是有效的。然而，贪心搜索只考虑当前位置的最优解，因此可能会导致全局最优解与局部最优解不同。例如，生成句子时，贪心搜索只考虑当前位置的最佳翻译词，而未考虑当前词与前面已生成的词语之间的搭配和逻辑关系，可能会导致生成的句子不通顺或者语义不符。

针对贪心搜索的问题，束搜索被提出。它的基本思想是在每个时间步 t，解码器保持 k 个（k 也称束宽度）最有可能的候选翻译词，来计算生成句子的可能性。解码器通过保留多个候选词，提高得到全局最优解的概率。束宽度 k 影响模型表现和计算效率。较大的 k 值可以提高翻译的精确度，但会增加计算时间和空间复杂度。束搜索是目前 NMT 模型中最常用的解码搜索技术。

7.5.2 估计 softmax 函数计算

Seq2Seq 模型的解码器需要对输出序列中的下一个单词进行预测。预测是根据 softmax 函数计算词典中每个单词出现的概率。在模型训练阶段，softmax 函数计算量比较大。我们可以利用噪声对比估计（noise contrastive estimation，NCE）和层次 softmax（hierarchical softmax）来估计 softmax 函数计算。

噪声对比估计（Mnih and Kavukcuoglu, 2013）是一种估计 softmax 函数计算的方法。它的基本思想是对比真实样本和噪声样本来训练模型，得到模型参数。在简单情况下，NCE 对每个真实样本，在负样本中随机采样 K 个噪声样本。如此一来，NCE 将原多分类问题（例如 $|V|$ 类分类，$|V|$ 是词典的大小）变成从噪声样本中分辨出真实样本的二分类问题，从而简化了计算。NCE 具有理论基础保证，K 值越大，估计 softmax 函数越精确。一般 20 至 25 个噪声样本就可以较好地估计常规 softmax 函数，并且有约 50 倍的计算加速。另外一种能简化 softmax 函数计算的方法是 Word2Vec 使用的负采样技术，它可以看作 NCE 的变种。

层次 softmax 引入一个二叉树结构加速 softmax 函数计算。根据输入的语料，层次 softmax 构建一棵二叉树。二叉树的每个叶子节点代表一个输出节点（单词），而每个内部节点代表一个二元分类器，用来判断向左子节点或右子节点前进。节点之间的路径都有权重。当需要计算一个单词的概率时，层次 softmax 从根节点出发沿着二叉树的路径到达该词的叶子节点，并根据路径权重计算得到概率值。相比于常规 softmax 函数使用 $|V|$ 步计算，层次 softmax 仅用 $O(\log|V|)$ 步计算（$|V|$ 是词典的大小）。

7.5.3 缩小词典

缩小词典也可以简化 softmax 计算，从而加快 NMT 模型的训练和预测速度。一种简单的方法是选取词典中常用的词到一个较小的词集合，将集合之外的其他词设为符号 <UNK>。但这种方法会在目标翻译中生成很多<UNK>。

　　Jean 等人（Jean et al., 2015）提出了一种缩小词典的方法。在模型训练阶段，它首先设定目标词典的大小 $|V'|$，把整个训练数据集划分成多个数据子集，每个数据子集包含 t 个独特的词，t 的大小为 $|V'|$。数据子集的生成过程是从左到右连续扫描原训练数据集，当得到 t 个独特的词时便生成一个数据子集，直到扫描完成。这样，每个数据子集就是一个缩小的子词典，训练数据句子中相邻的词都在同一个子词典中。子词典一般是原词典大小的 1/10。例如，原词典的大小为 100 kB（$|V|$ = 100 kB），而子词典的大小为 10 kB（$|V'|$ = 10 kB）。根据给定的目标词，模型只利用子词典来训练模型，得到模型参数（例如计算 softmax 函数）。

　　在模型预测阶段，该方法根据候选目标词找出对应子词典来计算其概率。它一般选取 K 个最常用的词和 K' 个可能的翻译词作为候选目标词集合。例如，K = 15 000，K' = 10。

7.5.4　处理生僻词和未知词

　　缩小词典会造成有些生僻词被翻译成<UNK>符号。为了解决这种问题，NMT 一般直接将原句子的词复制到翻译输出。Gulcehre 等人（Gulcehre et al., 2016）用指针网络 l_t 指向原句子中词的位置，利用 Seq2Seq 模型解码器的隐藏状态 S_t 去预测一个二元变量 Z_t，来判断是否复制原文字，模型预测是根据 Z_t 来决定是通过标准 softmax 函数在词典中选择词 y_t^w，或者通过指针网络复制原句子中的词 y_t^l。

　　另一个方法是使用子词编码，即对模型的输入采用小于词的语言单位，例如子词、字符或者词和字符的组合等。字节对编码（byte pair encoding，BPE）是一种不依赖词典的常用编码方法，常用来表示生僻词和未知词。它本质上是一种压缩算法，首先找到常见的可以组成单词的子字符串，又称子词，然后将原文中的词用子词来表示。最基本的子词就是所有字符的集合，如 {a, b, …, z, A, B, …, Z}。从基本字符开始，BPE 在训练文本中统计所有相邻子词出现的次数，选出现次数最多的一对子词 (s_1, s_2)。它将这一对子词合并成新的子词加入子词集合（原来的两个子词仍保留在子词集合中），然后不断添加训练文本中频繁出现的 n-gram 对来扩充集合。在表 7-1 中，假设训练文本包含 4 个词和其对应的频率，例如，单词"low"在训练文本中出现了 5 次。我们用 (p, q, f) 表示一个 n-gram 对 (p, q) 和对应的频率 f。当前，我们已经生成了子词集合 {l,o,w,e,r,n,w,s,t,i,d,es}，发现出现最频繁的字符对是 (es,t,9)。于是，我们将 est 加入子词集合，它就变成了 {l,o,w,e,r,n,w,s,t,i,d,es,est}。这个过程不断重复，直到所有的 n-gram 对被添加到集合中，或者子词集合的大小达到一定阈值。

表 7-1 训练文本的单词频率表

频 率	单 词
5	low
2	lower
6	new**est**
3	wid**est**

当这个 BPE 词典生成以后，NMT 可以直接在这些子词上进行分词和训练。使用 BPE 有如下优点。

❑ 由于 BPE 的子词表里含有所有单个字符，所以任何单词（包括生僻词和未知词）都可以用 BPE 拆分出子词。

❑ BPE 可以通过调整合并次数来动态地控制词表的大小。

Ling 等人（Ling et al., 2015）提出了基于字符的模型来生成词嵌入（包括生僻词和未知词）进行翻译。假设单词 E_w 由 m 个字符组成，模型查找单词每个字符 $c_1, c_2, \cdots, c_m$ 的嵌入，如 $e_1, e_2, \cdots, e_m$，再将这些字符嵌入输入一个双向 LSTM 来得到最终的前向和反向隐藏状态 h_f, h_b。最终词嵌入的计算如式(7-16)所示：

$$E_w = W_f h_f + W_b h_b + b \tag{7-16}$$

Luong 等人（Luong et al., 2016b）提出了混合词–字符模型来进行翻译。该模型一般情况下利用基于词的模型进行翻译，而对未知词则使用基于字符的模型进行翻译。其优点是训练速度快于纯字符模型，而且在使用基于词的模型翻译时不会生成未知词。该模型对未知词首先翻译生成 <UNK>，然后使用基于字符的模型将 <UNK> 恢复为未知词的正确表面形式（surface form）。

7.6 机器翻译的评价方法

人们评价机器翻译系统时的主观性很强，准确性难以保障。对同一个句子进行翻译，不同的模型有不同的输出：有的模型注重语法和风格的翻译，而有的模型注重隐喻和长程依赖的翻译。这是因为不同模型有不同的目标函数和评价方法。评价指标为机器翻译结果提供了一个总结性评价。机器翻译的评价指标本身是一个研究方向，常用的评价指标包括 BLEU、ROUGE、TER 和 METEOR 等。不同的指标在不同场景下有其优缺点。在实际应用中，我们需要结合具体的任务和需求来选择合适的评价指标。

7.6.1　人工评价

人工评价是指让人去评价翻译模型输出的正确性、完整性和流畅性。如果翻译模型输出让人区分不出是人工翻译的还是机器翻译的，那么就表示模型的表现很好。人工评价的结果很准确，但成本太大而且效率不高。

7.6.2　下游系统评价

评价机器翻译模型的一个常用方法是将机器翻译结果用在一个下游系统中，根据下游系统的表现来对机器翻译结果进行评价。例如，我们可以把机器翻译结果用于一个自动问答任务模型的训练。如果在该模型上，使用机器翻译的输出与使用原始标注数据的输出相近，则说明机器翻译的效果不错。

但这种评价方法的问题是，有些下游任务可能并不受机器翻译结果好坏的影响。例如，当执行信息查询任务（如找出合适的网页）时，可能会发现翻译保留了文档的主题词，忽略了语法和句法信息，但是这对信息查询任务的影响不大。

7.6.3　BLEU

BLEU（bilingual evaluation understudy）是目前评价机器翻译质量的重要算法之一。它把机器翻译与人工翻译（参考）相比较而得到一个分数。BLEU 将人工翻译作为标准答案，使用机器翻译与人工翻译之间 n-gram 的相配度来进行计算。BLEU 查看机器翻译中的 n-gram 是否出现在人工翻译中，然后通过精确分数表示翻译质量。精确分数是 n-gram 既出现在机器翻译中又出现在人工翻译中的比例。BLEU 还需要满足几个条件。对每个 n-gram，在翻译中不能匹配多于一次。例如 "a" 在机器翻译中出现了两次，但是在人工翻译中仅出现了一次，这仅能表示两个句子的一次匹配。BLEU 对简短翻译有惩罚，即使一个非常短的翻译句子得到了 1.0 的精确分数，也不会被视为好的翻译。

BLEU 分数的计算公式如下。我们首先用 K 值表示最大的 n-gram 数量，即如果 $K=4$，则 BLEU

仅仅考虑长度小于或者等于 4 的 n-gram，而忽略更长的 n-gram。精确分数的定义如下：

$$p_n = \frac{\#匹配的n\text{-gram}}{\#翻译中的所有n\text{-gram}} \tag{7-17}$$

我们定义 $w_n = 1/2^n$ 是长度为 n 的 n-gram 的几何权重。翻译的简短惩罚（brevity penalty）为

$$\beta = e^{\min\left(0,1-\frac{\text{len}_{\text{ref}}}{\text{len}_{\text{MT}}}\right)} \tag{7-18}$$

这里，len_{ref} 是人工翻译的长度，而 len_{MT} 是机器翻译的长度。

BLEU 分数的定义如下：

$$\text{BLEU} = \beta \prod_{i=1}^{k} p_n^{w_n} \tag{7-19}$$

BLEU 分数与人工评价相关性强，在机器翻译评价中被广泛使用。然而，它也有局限性，比如，若任何一个 n-gram 的精确分数为 0，则整个 BLEU 分数为 0，所以需要评价的翻译文本要长。另外，BLEU 对句子结构、语法等因素对翻译的影响并没有充分考虑，因此可能忽略了翻译结果的语义、流畅性和可读性等方面的问题，仅能表示翻译合格，无法表示翻译的质量高。针对以上缺陷，BLEU 的很多变种被提出。

第 8 章

文本摘要

文本摘要（text summarization）是指计算机能自动从原文本中提取全面而准确表达中心内容的摘要。由于能快速地从文本中提取简要信息，文本摘要大大提高了文本信息获取效率。深度学习在文本摘要任务中得到了广泛的应用，特别是在新闻摘要、医学文献摘要和社交媒体摘要等方面取得了不错的效果。

按照不同标准，文本摘要可以分为不同的类型。根据处理的文本数量，文本摘要分为单文档摘要和多文档摘要。前者是对一个文档生成摘要，而后者是对一组主题相关的文档集合生成摘要。根据生成模型有无标注训练数据，文本摘要可分为有监督摘要和无监督摘要。目前，学术界和工业界最常用的分类标准是根据文本摘要的输出类型，分为抽取式摘要（extractive summarization）和生成式摘要（abstractive summarization）。前者从原文本中抽取关键词和句子组成摘要，摘要内容全部来源于原文本；而后者根据原文本的语义，生成新的词和句子来形成摘要。

8.1 抽取式摘要

抽取式摘要的基本思想是对原文本进行分析，给每个语义单元赋予权重，然后从中选择重要的语义单元组成摘要。常用的语义单元一般是句子。抽取式摘要需要分析组成摘要的句子的相关性和冗余度：相关性衡量摘要的候选句子能否代表原文的中心意思，冗余度用来评估候选句子包含冗余信息的多少。

抽取式摘要的生成一般包括两个步骤。

(1) 对文本中的句子进行语义重要性排序。
(2) 选择重要的句子组成摘要。

步骤(1)可以采用基于人工规则的方法，利用句子位置或所包含的线索词来判定重要性，也可以采用机器学习方法（例如神经网络）通过考虑句子的不同特征来进行重要性的排序。步骤(2)进一步考虑重要候选句子之间的相似性，避免选择重复的句子，并对候选句子进行连贯性排列，从而获得最终的文本摘要。

8.1.1 传统机器学习方法

本节介绍抽取式摘要的传统机器学习方法。

2004 年，Mihalcea 和 Tarau（Mihalcea and Tarau, 2004）提出基于图的 TextRank 算法，即从原文档中抽取重要句子来组成摘要。它包括 5 个主要步骤。

(1) 将输入文本分割成句子并建立有向加权图 $G = (V, E)$，V 是节点集合，E 是边集合，$E \in V \times V$。

(2) G 的节点 V_i 和 V_j 之间边的权重为 ω_{ji}，权重的计算基于两个句子 S_i 和 S_j 之间的相似度，如式(8-1)所示：

$$\text{similairty}(S_i, S_j) = \frac{|\{w_k \mid w_k \in S_i \wedge w_k \in S_j\}|}{\log(|S_i|) + \log(|S_j|)} \tag{8-1}$$

式(8-1)中，w_k 表示句子中的单词，如果 S_i 和 S_j 之间的相似度大于给定的阈值，则认为两个句子语义相关，将其连接起来，边的权重为

$$w_{ij} = \text{similarity}(S_i, S_j) \tag{8-2}$$

(3) 计算 G 的节点 V_i 的分数。其初始值为任意值，TextRank 通过式(8-3)进行递归计算直到收敛：

$$\text{Score}(V_i) = 1 - d + d \sum_{V_j \in \text{In}(V_i)} \frac{w_{ji}}{\sum_{V_k \in \text{Out}(V_j)} W_{jk}} \text{Score}(V_j) \tag{8-3}$$

式(8-3)中，$\text{In}(V_i)$ 为指向 V_i 的点集合，$\text{Out}(V_j)$ 为 V_j 指向的点集合。

(4) 对节点 V_i 的分数进行排序，抽取重要度最高的 T 个句子形成候选句子集合。

(5) 根据文本摘要的字数或者句子数量要求，从候选句子集合中抽取句子组成摘要。

Erkan 和 Radev（Erkan and Radev, 2004a；2004b）提出了类似的基于图的 LexRank 算法用于多文档摘要任务。

Sanchez-Gomez 等人（Sanchez-Gomez et al., 2018）针对多文档摘要任务使用多目标人工蜂群优化算法来组成摘要，它包含两个主要步骤。

(1) **初始化**。随机生成种群规模为 n 的雇佣蜂，每个雇佣蜂代表一个从原始文档集中随机抽取句子形成的摘要。

(2) **循环生成摘要（最大循环次数为 K）**。

① 首先发送雇佣蜂，利用突变机制（即在摘要中添加或删除句子）形成新的摘要，如果新的摘要相比原摘要有改进，则使用新摘要，否则保留原摘要。

② 然后利用帕累托前沿（Pareto fronts）优化来对摘要排序，并根据拥挤距离选择更多样化的摘要。

③ 发送跟随蜂。该蜂根据上一步得到的概率选择一个摘要。类似地，该摘要再通过突变机制在新旧摘要间选择更优的摘要。

④ 发送侦察蜂。当侦察蜂验证耗尽解决方案（即突变没有产生好的效果），并以随机方式生成新的摘要时，取代与该解决方案相关联的雇佣蜂或跟随蜂。同时，侦察蜂应进行一定数量的突变，从而有机会与现有的解决方案竞争。

⑤ 将当前的种群规模缩小至原始规模 n，再次利用帕累托前沿和拥挤距离选择最佳摘要。如果生成的摘要不符合预先设定的长度约束，则对此摘要进行修正（删除影响摘要质量的句子），再进行下一次循环。

Lin 和 Bilmes（Lin and Bilmes, 2010）提出将文本摘要生成转化为预算约束下的次模函数（submodular function）优化问题。次年，Lin 和 Bilmes（Lin and Bilmes, 2011）设计了一类适用于抽取式摘要任务的次模函数。这类函数由两部分组成：第一部分用于鼓励摘要包含更多的信息；第二部分用于鼓励内容的多样性，降低冗余度。这类函数是单调不减的，这意味着存在高效的贪婪最优化方案。虽然将次模函数应用于抽取式摘要取得了一定的效果，但是到目前为止，如何设计最适合任务模型的次模函数仍然没有统一的标准。

Shen 等人（Shen et al., 2007）提出使用 CRF 来处理抽取式摘要任务。CRF 可以使用不同特征（例如单词或句子位置、句子相似度和隐藏主题等）来抽取重要的句子生成摘要。

8.1.2 深度学习方法

传统的摘要可以通过人工编写模板来生成，例如，模板"[地区]股市收盘时[增加/降低]了[数字]点"。通过这个模板，文本摘要系统可以根据股市新闻生成摘要"上海股市收盘时增加了 100 点"。基于模板生成的摘要一般信息含量高并且语句流畅，然而模板的构建比较耗时，并且需要大量领域知识，很难为各个领域开发所有模板。Cao 等人（Cao et al., 2018a）提出一种结合模板和 Seq2Seq 模型来生成摘要的方法。它将已有摘要作为训练数据从中发现软模板（soft template），并与 Seq2Seq 模型一起来指导摘要的生成，如图 8-1 所示。

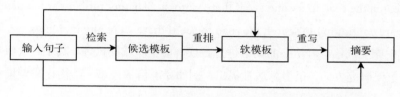

图 8-1　Cao 等人（Cao et al., 2018a）生成摘要的流程图

Cao 等人提出的模型由 3 个主要模块组成。

- ❑ 检索模块。从摘要训练语料库中找出候选模板。给定一个需要生成摘要的句子，模块在训练语料库中找到多个类似的句子并将其对应摘要作为候选模板。
- ❑ 重排模块。使用 RNN 编码器将输入语句和每个候选模板转换为 RNN 的隐藏状态，并根据输入语句和候选模板隐藏状态的相关性来衡量候选模板的信息量，将具有最高信息量的候选模板作为实际使用的软模板。
- ❑ 重写模块。根据输入句子和软模板的隐藏状态利用 RNN 解码器重写生成摘要。

Cheng 等人（Cheng et al., 2016）提出了一个基于神经网络编码器-抽取器的架构来生成抽取式摘要。该架构针对单文档，其包含两个核心模块，一个是基于神经网络的层次编码器，它分别在词、句子和文档层次进行编码，这样能更好地得到文档的表征；另一个是基于注意力机制的句子和单词抽取器。Nallapati 等人（Nallapati et al., 2017）提出了一个基于双层双向 RNN 的模型来得到抽取式摘要，双层 RNN 的高层 RNN 用来处理文档中的句子信息，而底层 RNN 用来处理句子中的词信息。该模型可以用可视化的方法解释选取文档中的句子作为摘要的原因。

8.2   生成式摘要

生成式摘要首先对输入文本进行语法和语义分析，再对分析结果进行信息融合，从而生成摘要。实现生成式摘要的方法主要包括句子压缩和句子融合。两者也可以一起使用来生成信息更加紧凑的文本摘要。

句子压缩是指基于一个长句生成一个短句，并且使该短句保留长句中的重要信息。在重要信息基本不损失的同时，要求生成的短句是通顺的。例如，输入英文句子 "The police are still continuing to search the road to try and see if there were, in fact, any further car incidents." 压缩后的句子为 "They are continuing to search the road to see if there were any incidents."。句子压缩的方法包括从原句中删除词语，对句中的词语进行替换、重排序或插入等。其中，从原句中删除词语是句子压缩的重要研究方向，很多算法被提出，例如噪声信道模型、结构化辨别模型和整数线性规划等。

句子融合是将两个或多个包含重叠内容的相关句子合并为一个句子。根据不同的目的，句子融合分为两类。

- □ 只保留多个句子中的共同信息，而过滤掉无关的细节信息（类似于集合运算中的取交集运算）。
- □ 只过滤掉多个句子的重复内容（类似于集合运算中的取并集运算）。

例如，以下是两个相关的句子以及不同合并得到的句子。

原句 1："In 2014, his nomination to the Mayer of Chicago sailed through the City Committee on a 16-3 vote."。

原句 2："He was nominated to the Mayer of Chicago in 2008 by Tom and again by Robin in 2014."。

合并后的句子(取交集)为 "He was nominated to the Mayer of Chicago"。

合并后的句子(取并集)为 "In 2008, his nomination by Tom, and again by Robin in 2014 to the Mayer of Chicago sailed through the City Committee on a 16-3 vote. "。

8.2.1 传统机器学习方法

Banerjee 等人（Banerjee et al., 2015）提出的生成式摘要方法是，首先从多文档集合中识别出最重要的文档，该文档中的每个句子都初始化为一个单独聚类，然后将其他文档中的句子聚合到与其相似度最高的聚类中。在摘要生成阶段，针对每个聚类生成一个单词图结构，并在图的起始节点到结束节点之间构造路径，然后采用整数线性规划模型，其目标函数同时考虑信息量和语言质量。此外，在该模型中加入约束条件：确保每个聚类只产生一个句子，以及避免使用来自不同聚类的具有相同或相似信息的冗余句子。将上述构造的路径变为二元变量，来表示该路径是否包含在生成的摘要中。根据目标函数，模型会从路径集合中选择最佳句子，使得生成的摘要包含的信息内容最丰富、可读性最强。该模型输出的路径集合即为原多文档集合的摘要。

Liu 等人（Liu et al., 2015）提出了基于语义信息生成摘要模型。它首先利用抽象语义表示（abstract meaning representation，AMR）将原文本解析为一组 AMR 图，然后将 AMR 图转换为摘要图，最后从摘要图中生成摘要文本。

8.2.2 深度学习方法

Rush 等人（Rush et al., 2015）受到神经机器翻译研究的启发，将基于注意力机制的神经网络语言模型用于生成式摘要。这是一个完全由数据驱动的生成式语言模型，并且扩展性很好，能在大规模数据集上进行训练。Chopra 等人（Chopra et al., 2016）对该模型进行了扩展，将基于注意力机制的条件循环神经网络（conidtional RNN）用于生成式摘要。该模型在 Gigaword 数据集和 DUC-2004 任务集上都取得了不错的效果。

Nallapati 等人（Nallapati et al., 2016）将基于 RNN 的编码器-解码器模型用于生成式摘要。该模型的特点包括：在编码器中加入了丰富的文本特征来捕获关键词信息；加入生成器指针来解决词典外词汇和低频词问题；利用层级注意力机制捕获不同级别文档的结构信息。

Gu 等人（Gu et al., 2016）提出了复制网络（CopyNet）模型来处理生成式摘要问题。该模型有两个主要优势：通过复制机制能有效保留原文中的重要信息；输出端可以生成一些和原文措辞不同的摘要。我们可以认为 CopyNet 是抽取式摘要和生成式摘要的结合。但是，CopyNet 模型的局限性在于它原封不动地复制输入端的信息，不能灵活调整。

See（See et al., 2017）等人将指针生成器网络用于生成式摘要。针对 Seq2Seq 模型生成摘要的两个弱点：摘要不容易准确生成事实数据和摘要内容容易重复，该模型可以通过指针自动选择是从原文中复制摘要所需要的单词，还是用词表生成新的单词，并使用覆盖机制（coverage mechanism）处理解码端生成摘要过程中的重复问题。

Paulus 等人（Paulus et al., 2018）首先将强化学习应用在文本摘要任务中。他们采用自批评（self-critical）策略梯度算法训练模型，并提出了一种混合目标函数，其将强化学习损失与交叉熵损失相结合。该模型提高了生成摘要的可读性，在 CNN/Daily Mail 数据集和 New York Times 数据集上取得了不错的效果。

Celikyilmaz 等人（Celikyilmaz et al., 2018）提出在编码器-解码器架构中引入深度交流智能体来处理长文档的生成式摘要问题。长文档被分配给多个合作的智能体，每个智能体处理输入文档的一部分。这些智能体编码器连接起来输入一个独立的解码器，利用深度强化学习来生成重点清楚和连贯的文本摘要。

Cao 等人（Cao et al., 2018）为避免模型生成的摘要中存在不符合事实的信息，使用信息提取和依存分析技术从原文中提取实际的事实描述。他们还提出基于双注意力（dual-attention）的 Seq2Seq 模型框架，使得模型必须根据原文本和提取的事实描述生成摘要。他们的实验结果证明该方法可以减少 80% 的虚假描述。

Hsu 等人（Hsu et al., 2018）提出了一种将抽取式方法与生成式方法相结合的摘要生成方法。该方法首先利用抽取模块对句子的重要程度打分，在该基础上使用生成模块更新原文中每个单词的注意力权重，然后逐词生成原文的摘要。

Zhou 等人（Zhou et al., 2017）在编码器中加入选择门控网络，将词的隐藏状态与句子的隐藏状态拼接在一起，输入前馈神经网络里生成新的语义向量，其生成摘要的效果不错。

Li 等人（Li et al., 2018）从图像领域的 VAE 模型获得启发，利用 VAE 将句子潜在的结构信息融入生成的摘要模型中，提高了模型生成摘要的质量。

Gehrmann 等人（Gehrmann et al., 2018）发现文本摘要模型在内容选择上表现不佳。他们提出通过内容选择器来确定原文档中应成为摘要的部分短语，并使用由底向上的注意力（bottom-up attention）机制来约束可能被选择的短语。实验结果表明该方法提高了压缩文本的能力，同时仍能生成流畅的摘要。

Liu 和 Lapata（Liu and Lapata, 2019）提出了一个利用了预训练模型 BERT 的深度摘要生成模型，其既支持抽取式摘要，也支持生成式摘要。

8.3 文本摘要的评价

根据是否有人工参与，文本摘要的评价分为人工评价和自动评价。人工评价是指人工评价文本摘要的质量。

自动评价方法的常用指标是 ROUGE（Lin, 2004）。它将模型生成的摘要和参考摘要进行对比，通过计算它们之间重叠的基本单元数目来评价系统摘要的质量。ROUGE 指标包括 ROUGE-1、ROUGE-2、ROUGE-L 等，其中 1、2 和 L 分别代表基于一元词、二元词和最长子字符串。ROUGE 只能评价参考摘要和系统摘要的表面信息，不涉及语义层面的评价，其计算公式如式(8-4)所示：

$$R_{\text{ROUGE}-N} = \frac{\sum_{S \in \{\text{Ref}\}} \sum_{N_{n\text{-gram}} \in S} \text{Count}_{\text{match}}(N_{n\text{-gram}})}{\sum_{S \in \{\text{Ref}\}} \sum_{N_{n\text{-gram}} \in S} \text{Count}(N_{n\text{-gram}})} \tag{8-4}$$

式(8-4)中，n-gram 表示 n 元词，$\{\text{Ref}\}$ 表示参考摘要，$\text{Count}_{\text{match}}(N_{n\text{-gram}})$ 表示系统摘要和参考摘要中同时出现 n-gram 的个数，$\text{Count}(N_{n\text{-gram}})$ 表示参考摘要中 n-gram 出现的个数。ROUGE 还有 3 项评价指标：准确率、召回率和 F 值。

Ferreira 等人（Ferreira et al., 2013）分析了 15 种句子评分算法，包括针对词的算法——词频、TF-IDF、大写字母、专有名词、词共现、词汇相似性；针对句子的算法——提示语、包含数字的句子、句子长度、句子位置、句子中心性、句子与标题相似性；针对图排序——TextRank、Bushy 路径、集合相似性等。他们通过这些算法对抽取式文本摘要进行定量和定性的评估。

第 9 章
自动问答

自动问答（question answering）是指计算机能自动用自然语言来回答人们提出的问题。自动问答被视为信息检索的高级形式。它一般需要首先理解问题，然后从互联网或者文档库收集相关文档信息，最后生成准确答案。传统的自动问答系统利用人工规则和传统机器学习方法取得了不错的效果，例如，2011 年，IBM 的自动问答系统 DeepQA 在电视问答节目 *Jeopardy!* 中战胜了人类。近年来，深度学习已经成为处理自动问答任务的主流方法。基于深度学习的自动问答系统已经广泛应用于不同的生活场景中，例如网页搜索和智能客服等。

大多数自动问答系统处理的是事实问题，即问题的答案是一个事实，例如"谁是当前的联合国秘书长？"和"北京香山的海拔高度是多少？"。根据所用数据源和方法的不同，自动问答可以大致分为三类。

- ❑ 基于检索的自动问答
- ❑ 基于知识库的自动问答
- ❑ 基于社区的自动问答

9.1 基于检索的自动问答

基于检索的自动问答是指利用信息检索从互联网或者文档库中找到文本片段，来回答用户提出的事实问题。它一般由两个主要模块组成。

- ❑ **文本检索**。该模块从互联网或者文档库中检索与问题相关的文档。
- ❑ **文本理解**。该模块也称机器阅读理解（machine reading comprehension，MRC）模块（Chen et al., 2017）。它通过深度分析检索得到的文档文本语义以及文档与问题之间的关系来做出回答。

基于检索的自动问答系统如图 9-1 所示。

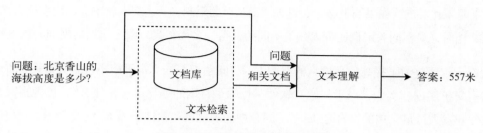

图 9-1　基于检索的自动问答系统

9.1.1　文本检索模块

文本检索模块有两大功能：问题分析和信息检索。

问题分析是指理解用户提出的问题。例如，对于问题"武汉在中国的什么位置？"，模块需要理解用户在询问武汉在中国的地理位置。问题分析的一般步骤是，首先对问题进行分类，然后提取问题关键词，最后对关键词进行扩展。

自动问答系统（以下简称"系统"）可以按照问题中的疑问词或短语来进行问题分类。表 9-1 列出了常见的问题类型。得到问题类型后，系统对各种类型的问题应用相应的信息检索规则。例如，对于询问地点的问题，系统可以规定检索文档中必须包含地点的位置信息。

表 9-1　常见问题类型

问题类型	疑问词或短语	例　子
询问人	谁	是谁发现了北美洲？
询问数量	多少/几/多大/多高	茉莉花每年能开几次？
询问定义	是什么/什么是	什么是氨基酸？
询问地点或位置	哪/哪里/什么地方	武汉在哪个省？
询问原因	为什么	天为什么是蓝色的？

问题关键词提取是指从问题中提取出对信息检索有用的关键词。问题中有些词不能作为信息检索的有效输入，例如助词"吧"和助词"的"。关键词一般为名词、动词、形容词和限定性副词等。系统还可以进一步将关键词细分为必含关键词和非必含关键词。必含关键词是指该词必须在问题的答案中出现，一般是专有名词、限定性副词（例如"最大""最高""最快"等）和时间副词（例如"2021 年"）等。必含关键词对问题有很强的限定作用，不包括必含关键词的文本不

太可能是正确答案。例如，对于问题"世界上最长的河流是哪条？"，检索文本"长江是世界第三长河流"是不相关的。如果加上必含关键词"最长"的限制，上述文本就不会出现在检索结果中。在检索文档时，对不同关键词还可以赋予不同的权重。名词和具有限定作用的副词的权重较高。

关键词扩展是为了提高信息检索的召回率。与问题相关的文本可能不包含关键词，而包含关键词的同义扩展词。例如，对于问题"软件工程师最常用的编程语言是什么"，包含答案的句子是"软件开发人员最常用的语言是 Java"。问题中的关键词"软件工程师"在答案中并没有出现，而出现的是其同义词"软件开发人员"。系统如果只用关键词检索，会错过答案，因此需要对关键词进行扩展。然而，不恰当的扩展会降低信息检索的准确率，所以系统一般会对关键词扩展添加限制条件，例如只对名词性关键词进行扩展。除了利用语法规则，系统还可以使用统计方法进行关键词扩展。通过对大量问题和答案进行统计分析，系统可以得到一类问题所对应答案的共性。例如，对于询问地点的问题，答案中经常会出现"在""位于""地处"等词，系统可以将其与关键词一起来检索。此外，系统还可以先通过关键词检索得到相关文档，再利用文档中与关键词有关的词来扩展。扩展词的重要性往往比原关键词小，系统可以在文本检索中赋予它们不同的权重。

系统使用问题关键词及其扩展作为输入在文档库中进行信息检索，得到相关文本。信息检索需要首先对文档库建立索引（文档去重，文档分词，文本词干提取和词形还原等），然后使用检索排序算法（例如 TF-IDF 和 BM25）找到相关文档并按重要性进行排序。与一般信息检索系统仅返回文档不同，自动问答系统文本检索模块返回的可以是文档、段落或者句子。因为文档中的一小部分文字可能才是问题的答案，所以文本检索模块返回相关段落或句子，则文本理解模块分析答案的速度更快，而且准确度更高。

近年来，除了使用传统关键词进行信息检索，自动问答系统开始利用稠密向量来查找与问题相关的文档、段落或句子。这种方法被称为稠密段落检索（dense passage retrieval，DPR）（Karpukhin et al., 2020）。DPR 的基本思想是生成两个稠密向量编码器 $E_P(\cdot)$ 和 $E_Q(\cdot)$，前者将文档库中的每个文档/段落编码成一个 d 维向量并索引，后者将用户输入的问题编码成一个 d 维向量；然后根据问题的稠密向量与文档库中文档/段落的稠密向量相似度（例如余弦距离）来得到相关文档/段落。Karpukhin 等人（Karpukhin et al., 2020）利用自动问答标注数据来微调 BERT 从而生成编码器 $E_P(\cdot)$ 和 $E_Q(\cdot)$。与不相关段落相比，相关段落的编码稠密向量与问题的编码稠密向量相似度较高。

9.1.2 文本理解模块

文本检索模块得到的相关文档、段落和句子会被提交给文本理解模块来提炼出问题的答案。答案可以有不同的长度，从一个词到一段话。例如，与时间和地点相关的问题，答案通常很简短，而询问事件原因的问题，答案则一般比较长。例如，对于问题"热胀冷缩的原因是什么？"，就需要一段话来回答。问题的答案一般就在文本检索得到的文本中。例如，对于问题"北京香山的海拔高度是多少？"和一段文本"香山是位于北京市海淀区的山脉，为西山的余脉，占地 188 公顷，主峰是鬼见愁，海拔 575 米"，文本理解模块通过其机器阅读理解（MRC）模型将输出答案"575 米"。图 9-2 展示了 MRC 模型的基本架构。

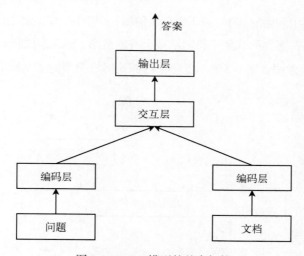

图 9-2 MRC 模型的基本架构

从图 9-2 中可以看出，MRC 模型的基本架构由编码层、交互层和输出层组成。模型的输入是问题和文档。编码层将输入的文字通过预处理语言模型（例如 BERT）进行编码，并将其传递给交互层。交互层建立问题和文档之间的联系，即发现两者间的语义关系。输出层则进行预测并且输出问题的答案。在该基本框架下，不同的 MRC 模型在不同层次采用不同的子模型，特别是在交互层，对问题和文档进行分析并发现语义关系是得到正确答案的关键。

根据回答的方式不同，文本理解回答可分成以下几大类。

- 区间式回答
- 多项选择式回答

❑ 自由回答

1. 区间式回答

区间式回答指问题的答案是由文档中一段连续的语句组成的。我们可以将问答问题转换为文档的区间标注（span labeling）问题，即对给定问题和相关文档，文本理解模块将识别出文档中的一个区间来构成答案。给定一个包含 n 个字符 $q_1,\cdots,q_n$ 的问题 q 和一个包括 m 个字符 $p_1,\cdots,p_m$ 的文档 p，区间式回答模型会计算如下概率：

$$p(a\,|\,q,p) = p_{\text{start}}(a_s\,|\,q,p)p_{\text{end}}(a_e\,|\,q,p) \tag{9-1}$$

式(9-1)中的 a 表示文档中问题的答案。对于文档里的每一个字符，模型都会计算两个概率：$p_{\text{start}}(i)$ 和 $p_{\text{end}}(i)$，即该字符是答案区间开始字符和结束字符的概率，而答案区间是区间开始字符概率和区间结束字符概率的最大积。图 9-3 展示了一个区间式回答模型的基本架构。

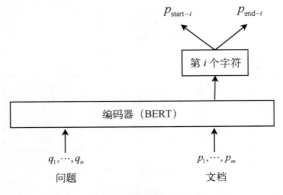

图 9-3　区间式回答模型的基本架构

从图 9-3 中可以看出，模型通过编码器（例如 BERT）分别得到问题和文档输入的嵌入表示，假设 q 是问题的嵌入表示向量，而 $(p'_1, p'_2,\cdots,p'_m)$ 是文档中各个字符的嵌入表示向量，文档中第 i 个字符作为答案区间开始字符的概率 $p_{\text{start}-i}$ 如式(9-2)所示：

$$p_{\text{start}-i} = \frac{\exp(S_{\text{start}-i})}{\sum_j \exp(S_{\text{start}-j})} \tag{9-2}$$

其中，$S_{\text{start}-i} = q^{\text{T}}W_{\text{start}}p'_i$，而 W_{start} 为参数矩阵。

与之类似，文档中第 i 个字符作为答案区间结束字符的概率 $p_{\mathrm{end}-i}$ 如式(9-3)所示：

$$p_{\mathrm{end}-i} = \frac{\exp(S_{\mathrm{end}-i})}{\sum_{j}\exp(S_{\mathrm{end}-j})} \tag{9-3}$$

其中， $S_{\mathrm{end}-i} = \boldsymbol{q}^{\mathrm{T}}\boldsymbol{W}_{\mathrm{end}}\ p'_i$ ，而 $\boldsymbol{W}_{\mathrm{end}}$ 为参数矩阵。

同理，我们可以计算文档中每个字符作为答案区间开始字符和结束字符的概率。由于预测答案区间的开始位置和结束位置均为多分类任务，假设答案在文本中的正确开始位置为 i^* ，而结束位置为 j^* ，我们可以定义模型的交叉熵损失函数如式(9-4)所示。

$$L = -\log(P_{\mathrm{start}-i^*}) - \log(P_{\mathrm{end}-j^*}) \tag{9-4}$$

模型在预测时，我们需要找到概率最大的一组区间的开始位置和结束位置 i^c 和 j^c ，并以这个区间中所有字符组成的文本区间作为答案，如式(9-5)所示。

$$i^c, j^c = \arg\max_{1 \leqslant i \leqslant j \leqslant m, j-i+1 \leqslant L} P_{\mathrm{start}-i}P_{\mathrm{end}-j} \tag{9-5}$$

其中， L 为答案区间的最大限定长度。

2. 多项选择式回答

多项选择式回答是指除了问题和文档外，系统还提供了以自然语言形式表达的若干答案选项。因此，我们还需要对答案选项中的每个字符进行嵌入表示编码，让其嵌入向量在模型的交互层与问题和文档的嵌入向量进行交互计算，得到一个向量 $\boldsymbol{o}_k$ 来代表第 k 个选项的语义。最后在输出层，综合文档和问题语义来得到各个选项的分数。我们可以通过如下方法来处理多项选择式回答问题。

假设 $\boldsymbol{q}$ 是问题的初始嵌入向量， $(p'_1, p'_2, \cdots, p'_m)$ 是文档中各个字符的嵌入向量， $\boldsymbol{o}_k$ 是第 k 个选项的嵌入向量，模型的参数向量是 $\boldsymbol{v}$ ，它的维度与 p_i 相同，我们通过内积操作可以得到文档中每个字符的分数 $s_i = \boldsymbol{v}^{\mathrm{T}}p_i$ ，然后使用 softmax 函数将 s_i 归一化，得到权重 w_i 。通过式(9-6)来得到问题的最终嵌入向量 $\boldsymbol{p}$ 。

$$\boldsymbol{p} = \sum_{i=1}^{n} w_i q_i \tag{9-6}$$

我们将问题向量 $\boldsymbol{p}$ 与选项向量 $\boldsymbol{o}_k$ 进行链接得到向量 $\boldsymbol{c}_k = [\boldsymbol{p};\boldsymbol{o}_k]$ ，然后将 $\boldsymbol{c}_k$ 输入 RNN（或其

他序列模型）作为初始状态，再计算 $(p_1', p_2', \cdots, p_m')$ 的 RNN 隐藏状态 $(h_1, h_2, \cdots, h_m)$ 。接下来使用 RNN 最后位置的隐藏状态 h_m 与参数向量 $\boldsymbol{b}$ 的内积来得到该选项分数。

$$S_k = h_m^{\mathrm{T}} \boldsymbol{b} \tag{9-7}$$

最后，通过 softmax 函数得到该选项分数的概率值 $\{p_1, \cdots, p_k, \cdots, p_n\}$ 。如果正确答案是第 k^* 个选项，则模型的损失函数可以定义如下：

$$L = -\log\left(P_{k^*}\right) \tag{9-8}$$

3. 自由回答

自由回答是指计算机自由组织语言来生成答案。答案包含的字符不一定都来自文档库的文本。自由答案的生成过程是自然语言生成的过程，一般采用 Seq2Seq 模型进行处理。这个过程类似于人机对话，第 10 章会对人机对话做详细介绍。

9.2 基于知识库的自动问答

基于知识库的自动问答是指先对问题进行语义解析，再根据问题的语义从知识库中抽取知识来给出答案。与上一节的文档库不同，知识库中的知识是按照一定结构存储的，也称知识图谱（knowledge graph）。常用的开源知识库包括维基百科、YAGO、OpenCyc 和 Wikidata 等。图 9-4 是维基百科的信息存储以及关系图。自动问答系统可以通过处理结构化数据进行回答。

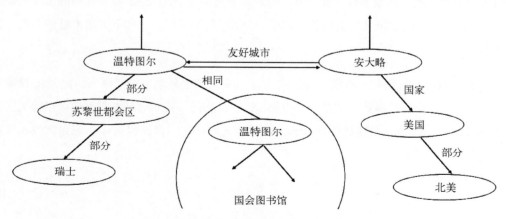

图 9-4　维基百科的信息存储以及关系图

知识库的知识一般是以 RDF 格式存储的。RDF 是一个三元组，由一个谓语（predicate）和两个变量（主语和宾语）组成，用来表达一个关系。自动问答本质上是回答一个不知道的问题。表 9-2 给出了一些 RDF 数据示例。

表 9-2　RDF 数据示例

主语（subject）	谓语（predicate）	宾语（object）
北京香山	具有海拔高度	575 米
库克	CEO	苹果公司
特斯拉中国工厂	位于	上海

对于问题"北京香山的海拔高度是多少?"，系统会查询"北京香山"这个实体在知识库中是否已经存在，如果存在，系统下一步会确定问题询问的关系。它会把"海拔高度是多少"这个字符序列转化为谓语"具有海拔高度"。于是，问题从"北京香山的海拔高度是多少?"变成了"具有海拔高度（北京香山，？）"。由此可以看出，基于知识库的自动问答需要确定问题中的关系，并将关系和谓语联系在一起。联系方法可以使用深度学习模型来计算问题和知识库中关系的相似度。

除了利用上述 RDF 关系，我们还可以利用语义解析（semantic parser）从知识库中得到问题的答案，具体方法包括语义解析、信息提取和向量建模。

语义解析是指将自然语言解析为计算机可以理解的逻辑形式，通过逻辑形式从知识库中提取知识进行回答。Berant 等人（Berant et al., 2013）采用语义解析的方式对依赖标注逻辑形式的传统语义解析器进行了改进，它通过无监督学习大规模断言来得到语义解析器，并使用解析器将自然语言转化为一系列逻辑形式，然后在知识库中查询得到答案。Kwiatkowski 等人（Kwiatkowsk et al., 2013）提出了一种可扩展的开放域本体推理的语义解析方法，即通过构建语言驱动的领域无关的语义表示，使用学习到的本体匹配模型来转换目标域的表示，该方法可以解决本体不匹配的问题。

信息提取与语义解析方法不同，它首先从问题中提取实体，然后知识库中进行实体查询以获得以该实体为中心的知识库子图，最后在提取到的图上进行分析与处理，得到问题的答案。Yao 等人（Yao et al., 2014）采用信息提取的方法从问题中提取实体，并查询该实体在知识库中的位置，通过图的近邻运算，提取信息并筛选候选答案，最后得到问题的答案。

向量建模与信息提取比较类似。该方法根据问题得到候选答案，并将其映射到向量空间中得到嵌入向量表示，同时对该表示进行训练以提高问题与正确答案的联合分数。Bordes 等人（Bordes et al., 2014）提出使用少量人工特征在大的主题范围内进行问答模型训练。该模型学习单词与知识库知识的嵌入向量表示，再通过这些表示为问题与候选答案打分。

9.3　基于社区的自动问答

基于社区的自动问答是指用户在问答社区中互动，提出或回答问题。问答社区（例如知乎和百度知道）是用户量大并且活跃的互联网社区。用户可以提供许多问答数据，它们覆盖了用户的各种信息需求。此外，用户的历史行为信息对社区问答分析很有帮助。问答社区为用户提供了一种独特的交互模式。用户将问题提交到问答社区，等待其他用户回答；其他用户依据自身的知识水平选择合适的问题进行回答。用户还可以评价他人的答案并打分。提问的用户还可以将最满意的答案标记为当前问题的最佳答案。社区问答系统可以对用户的行为进行分析，理解用户的行为模式，为用户的查询提供高质量的回答。社区问答系统包含三个核心任务：专家推荐、相似问题检索与答案质量评估。

9.3.1　专家推荐

专家推荐是指对问答社区中的活跃用户进行分析与评估，根据活跃用户擅长的领域来发现专家，然后将相关问题推荐给他们，以此提升答案的准确度与时效性。

专家推荐的主要方法是对用户及用户所回答的问题共同建模，计算用户的领域专业度，据此发现专家。专家推荐任务可以表述为：给定用户列表 U，对于问题 q 与其所属领域 d_q，找到可以回答问题 q 的专家 e_q：

$$e_q = \arg \max_{u \in U} \text{Exp}(d_q, u) \tag{9-9}$$

其中，Exp 为用户的领域专业度。它可以用主题模型等方法来建模。

Yang 等人（Yang et al., 2013）提出了一个联合概率模型 CQARank，它对主题信息与专家知识同时建模，并利用问答社区评论与投票用户的问答历史信息，找到偏好和专业知识相似的专家。该模型也适用于专家查询、相关答案检索和类似问题推荐等任务。Zhao 等人（Zhao et al., 2014）

提出了基于缺失值估计的专家推荐方法。它通过构建图正则化矩阵来计算用户的社交网络联系，判定用户是否为能回答新问题的专家。该方法在问答社区 Quora 上收集数据进行实验，取得了良好的效果。

9.3.2 相似问题检索

相似问题检索是指在问答社区已存在的问题中进行检索，选择与当前问题相似度最高的问题提供给用户，以便用户获取与当前问题相关的问答信息。相似问题检索的一种基本方法是关键字检索，这样可以得到与当前问题相似的其他问题，但这种方法无法准确判断问题之间的相似程度。目前，通过问题之间的文本相似度（例如余弦距离）进行相似问题检索是主流方法。Zhou 等人（Zhou et al., 2013）使用维基百科作为外部知识的扩充，对问题进行同义词概念扩充，将问题在概念向量空间中进行表示并检索，解决了问题的单词特征较为稀疏的问题，提高了问题检索的性能。

Zhou 等人（Zhou et al., 2015）将问题表示为一个连续空间中的词向量集合，利用算法将词向量集合合并成一个定长向量来表示问题，这种方法更适合处理大规模检索的问题。

9.3.3 答案质量评估

答案质量评估是对相关问题的多个答案进行比较、评估并排序，过滤掉相关度较低或不相关的答案，这样做有助于全面提升问答社区的问答质量，提高用户的问答效率。答案质量评估可以解释为一个分类任务。在该任务中，一个问题的所有答案被分为两个类别，分别是"好"答案与"差"答案。通过分类算法，我们可以评估答案的质量。Toba 等人（Toba et al., 2014）提出了一个分类器框架，可用于准确、有效地预测社区问答质量，框架性能甚至超越了使用元数据判别问答质量高低的系统。Joty 等人（Joty et al., 2015）提出了基于图切割（graph-cut）的分类模型，通过计算答案之间的相似性，构造一个带权无向图，在图上应用最大流（max-flow）算法进行分类来判断答案质量的好坏。

社区问答已经成为一种重要的自动问答方式与知识共享模式。对于社区问答的研究也取得了一些很好的成果，但仍然存在一些问题等待解决，包括个性化搜索与推荐、恶意信息过滤。

9.4 深度自动问答系统

深度学习方法广泛应用在自动问答系统中。它可以将复杂的文本语义信息（字符、短语、句子、段落以及篇章等）投射到低维的语义空间中，通过低维空间中的向量计算来解决传统问答系统难以解决的问题。基于相似性匹配的深度学习方法是深度自动问答系统的主要方法。它的核心思想是从数据中学习问题和知识的语义表示。在学到的向量空间中，正确回答的向量和问题的向量最为接近。Yih 等人（Yih et al., 2014）提出了一个基于语义相似性的语义解析框架。它以基于 CNN 的语义相似性模型作为核心，同时训练两个语义相似性模型：一个将问题的表述链接到知识库中的实体，另一个将关系模式映射到知识库中的关系。最后，框架在知识库中找到实体关系三元组，将问题中未提及的实体作为问题的答案返回。

在自动问答系统中，深度学习方法主要用在机器阅读理解中，如 9.1.2 节所述。下面介绍几个常见的深度机器阅读理解模型。

9.4.1 抽取式机器阅读理解

抽取式机器阅读理解常用的模型包括指针网络（Vinyals et al., 2015）、RNN 和 Transformer。4.4 节介绍过指针网络，它的输出是指向输入的一系列指针。在机器阅读理解任务中，指针网络根据输入文本可以输出预测的答案起始位置与结束位置，起始位置与结束位置之间的文本会作为抽取到的答案。

Seo 等人（Seo et al., 2013）提出了双向注意力流（bi-directional attention flow，BiDAF）网络。该网络采用分层多阶段架构，对不同粒度的上下文段落表征建模。它使用了字符级、词汇级与上下文级向量，并通过文本-问题与问题-文本双向注意力流来获得查询的上下文表示。Chen 等人（Chen et al., 2017）提出了 DrQA 深度开放域问答系统。该系统使用基于 TF-IDF 的检索策略从维基百科中检索与问题最相关的 5 篇文章，并使用双向 LSTM 对文章与问题进行编码，共同进行运算，从而输出问题的答案。

Wang 等人（Wang et al., 2017）提出了门控自匹配网络（gated self-matching network）来处理自动问答中的阅读理解问题。Yu 等人（Yu et al., 2018）认为基于 RNN 的阅读理解模型存在模型复杂、训练过于缓慢等问题，因此提出了基于 CNN 与自注意力机制的阅读理解模型 QANet。该模型通过卷积操作，利用文本的局部结构，并使用自注意力机制，学习词与词之间的全局交互信息来理解文本信息。

9.4.2 生成式机器阅读理解

抽取式机器阅读理解的实现较为容易，然而答案只能是文本中原有的文字，表现不够灵活、人性化。生成式机器阅读理解研究的是如何生成更加符合自然语言特性的答案。2.5 节介绍的动态记忆网络（dynamic memory network）架构就是设计用来处理问答问题的。

9.5 自动问答系统的评价

自动问答系统需要一个评价机制来衡量系统的性能。这首先需要人工建立一个问题及对应答案的测试集，然后将测试集中的问题提交给自动问答系统得到答案，最后将系统的答案与测试集中的答案进行人工对比。通过对比结果可以判断系统的答案正确与否，从而得到自动问答系统的准确率。

文档搜索会议（Text Retrieval Conference，TREC）每年会提供一个测试集，让研究人员来评价自动问答系统。TREC 还定义了评价标准：允许自动问答系统对每个问题给出 5 个答案。如果系统给出的排名第一的答案正确，则这个问答系统得 5 分；如果排名第二的答案正确，得 4 分；依此类推。将每个问题所得分加起来就可以得到自动问答系统的总分。总分越高，说明系统的准确率越高。机器阅读理解也有很多评测数据集，例如 SQuAD（Rajpurkar et al., 2016）等。根据其中阅读文章的形式，评测数据集大致分为单段落、多段落和文本库等类型。单段落数据集和多段落数据集因其包含的文章长度有限，因此自动问答系统可以直接定位文本区间得到答案，而文本库数据集则需要自动问答系统首先进行文本检索。

以下是自动问答系统常用的几个评测数据集。

NewsQA 数据集是 Maluuba 公司于 2016 年推出的新闻阅读理解数据集，其包含 12 000 多篇 CNN 新闻稿和 12 万个人工编辑的问题，均采用区间式回答方式。NewsQA 数据集考核的重点目标是机器阅读理解模型的推理和归纳能力，即从不同位置的信息得到最终答案。模型需要对无法确定答案的问题输出"无法回答"。

CNN/Daily Mail 是 DeepMind 于 2015 年推出的阅读理解数据集。该集合的文章来自 CNN 和 *Daily Mail*。其包含 140 万个样例，每个样例包括一篇文章、一个问题及其对应的回答。使用该数据集需要以完形填空的方式来回答问题。为了使模型更关注对语义的理解，文章中的实体信息（如人名、地名等），均用编号代替。机器阅读理解模型需要根据问题从文章中选出正确的实体编号填入 @placeholder 处。

SQuAD 是由斯坦福大学于 2016 年推出的阅读理解数据集。SQuAD 一共有 10 万多个问题，数据来源于维基百科。它采用区间式回答方式。2018 年推出的 SQuAD 2.0 数据集增加了"无法回答"的问题，问题的总数达到了 15 万。

第 10 章

对话系统

对话系统（dialog system）是指计算机通过理解自然语言，以对话的方式与人进行交流，进而执行特定任务或者回答问题。20 世纪 60 年代出现的 ELIZA[①] 是最早的对话系统。它通过定义人工规则来进行人机对话，即不理解对话内容，只是通过语言模式匹配来找到合适的回复。基于人工规则的方法对对话系统的发展影响深远，但其扩展性不足，通常无法跨领域使用。20 世纪 90 年代后，统计机器学习被应用于对话系统来部分代替人工规则。近年来，深度学习在对话系统中广泛应用，已经成为主流方法（赵阳洋等人，2020；陈晨等人，2019）。深度学习能通过大量数据学习对话特征和回复生成策略。

对话系统主要分为两大类：面向任务的和非面向任务的。面向任务的对话系统是一种专注于帮助用户处理某项具体任务（例如预订机票）的单用途系统。它旨在根据用户想要执行的操作或想要解决的问题，提供一套固定选项供用户选择。在用户做出选择后，系统会继续提供可用选项来引导用户完成整个流程，直到用户的问题得到解决，或者转为人工处理。由于解决问题的固定选项称为槽（slot），所以该类系统也称槽填充（slot-filling）对话系统。不同的领域有不同的槽，它们需要领域专家人工定义。例如，在电影订票领域中，槽包括电影名、影院名、时间、日期、电影票价、电影票张数等。表 10-1 是一个槽填充对话系统成功帮助用户完成订票的示例。

表 10-1　槽填充对话系统示例

角　　色	对　　话
对话系统	你好，请问有什么可以帮你的？
用户	我想买《夺冠》的电影票。
对话系统	好的，请问你在哪座城市？
用户	武汉。

① 详情见维基百科的 ELIZA 页面。

（续）

角　色	对　　话
对话系统	好的，请问需要几张票？
用户	2 张，我希望在武昌洪山电影院观看。
对话系统	好的，2 张《夺冠》电影票，明天晚上 8 点在武昌洪山电影院，可以吗？
用户	好的，谢谢。
对话系统	谢谢。再见！

非面向任务的对话系统，也称聊天机器人（chatbot），是一种交互性很强的复杂对话系统。它需要不断理解用户的问题，并模拟人类讲话的方式与用户进行动态交流。它会根据每个用户的个人资料和过去的行为，了解用户的偏好，进而提供个性化的回答和预测用户需求。表 10-2 展示了一个聊天机器人与用户交流的过程。

表 10-2　聊天机器人与用户交流的过程示例

角　色	对　　话
用户	小 Q，你好。
聊天机器人	你好，你的头像很有趣，感觉好像见过。
用户	是吗，你在哪里见过？
聊天机器人	《哪吒》这部动画片。
用户	太厉害了，你怎么知道？你是真人吗？
聊天机器人	跟我多聊聊就知道了。
用户	你会什么？
聊天机器人	我有 300 多项技能，你想知道什么？

对话系统目前已广泛应用于售后服务、电子商务、社交平台等方面。很多大公司开发了自己的对话系统，通常称为虚拟助理。例如，苹果的 Siri、亚马逊的 Alexa、谷歌的 Google Assistant、微软的小冰（Zhou et al., 2020）以及 OpenAI 的 ChatGPT。它们一般同时具有执行任务和聊天的功能。

10.1　面向任务的对话系统

面向任务的对话系统架构如图 10-1 所示。它的主要模块包括自然语言理解、对话管理和自然语言生成。其中，对话管理模块是核心模块，它包括两个子模块：对话状态跟踪（dialog state tracking，DST）和对话策略（dialog policy，DP）。除了以上模块，有些对话系统还包括自动语音识别模块和自动语音合成模块，用于处理用户的语音输入和语音输出。

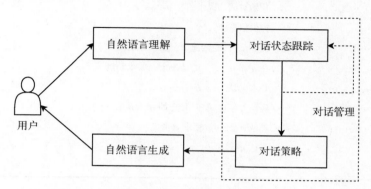

图 10-1 面向任务的对话系统架构

10.1.1 自然语言理解

自然语言理解模块的目标是将用户的输入映射到预先定义的槽中，它包含三个主要步骤。首先是领域分类，即判断用户的输入属于哪一个领域，例如是关于飞机旅行还是去餐馆就餐的。这一步是针对多领域对话系统的。如果对话系统只用于单一领域，则不需要这一步。然后是意图识别，即得到领域信息后，对话系统将判断用户输入的具体任务和目标。例如，用户是需要查询飞机航班信息还是预订餐馆座位等。最后一步是槽填充，即抽取槽并根据用户的意图填充相关信息。

10.1.2 对话管理

对话管理模块控制整个对话系统的流程。它的输入是自然语言理解模块的输出，它还需要考虑历史对话信息和上下文来采取相应的动作，包括追问、澄清和确认等。对话管理的主要任务有对话状态跟踪和生成对话策略。

对话管理有一个重要的概念称为对话动作（dialog act）。它指对话系统与用户交互的动作模板，而槽填充就是根据动作模板来填充对话内容。一个对话系统一般有一个对话动作的分类表（taxonomy），常见的对话动作包括"打招呼""通知""同意/接受"等。表 10-3 展示了一个餐馆对话系统的动作模板，表 10-4 展示了动作模板对应的槽填充。

表 10-3　餐馆对话系统的动作模板示例

对话动作	描　　述	系统动作	用户动作
打招呼（$a=x$, $b=y$, …）	开始对话，提供信息 $a=x$, $b=y$, …	可	可
提供值（$a=x$, $b=y$, …）	提供信息值	可	可
要求值（a, $b=y$, …）	在 $b=y$, … 的情况下，要求 a 的值	可	可
要求新选项（$a=x$, $b=y$, …）	在 $a=x$, $b=y$, … 的情况下，要求新选项	否	可
要求确认值（$a=x$, $b=y$, …）	要求确认 $a=x$, $b=y$, …	可	可
确认（$a=x$, $b=y$, …）	确认并给出更多信息，即 $a=x$, $b=y$, …	可	可
确认并要求值（$a=x$, …, d）	确认 $a=x$, … 并要求 d 值	可	否
否认（$a=x$）	否认 $a=x$	否	可
结束（）	结束对话	可	可

表 10-4　餐馆对话系统的槽填充示例

对话内容		对话动作
用户	你好，我想找一个地方吃饭。	打招呼（任务=查询, 类型=餐馆）
系统	你在找一个餐馆，你喜欢哪一种食物？	确认并要求值（类型=餐馆, 食物）
用户	我喜欢市中心附近的烤鸡。	提供值（食物=烤鸡, 地点=市中心附近）
系统	"大眼烤鸡"在市中心。	提供值（名字=大眼烤鸡, 类型=餐馆, 食物=烤鸡, 地点=市中心）
用户	价格低吗？	要求确认值（价格=低）
系统	是的，"大眼烤鸡"的价格低。	确认（价格=低）
用户	"大眼烤鸡"的具体地址是什么？	要求值（地点）
系统	中山路 18 号。	提供值（名字=大眼烤鸡, 地点=中山路 18 号）
用户	好的，谢谢。再见！	结束（）

　　对话状态是指对话中每个槽的取值分布情况。对话管理的 DST 模块以当前用户的对话动作、以前的对话状态和对应的系统对话动作为输入，输出对当前对话状态的估计。对话管理的 DP 模块会根据 DST 模块的信息，来决定需要采用的槽填充动作。

　　DST 可以使用人工规则（例如有限状态机）方法来输出最有可能的对话状态。这需要人工预先定义好所有的状态和状态转移条件，容易出错且稳健性不高。DST 也可以使用统计机器学习方法将对话过程映射为一个统计模型进行处理。它从训练数据中学习到所有对话状态的条件概率分布作为模型的预测输出。目前，深度学习方法是处理 DST 的主流方法，它的主要思想是利用深度神经网络将对话的历史信息表征成一个特征向量来训练槽分类器。Mrkšić 等人（Mrkšić et al.,

2016）提出神经信念跟踪（neural belief tracker，NBT）模型来处理 DST。NBT 的输入是上一轮对话系统的输出、用户当前轮的输入和候选槽值。它将三项输入分别进行上下文建模和语义解码来生成特征向量表征用户输入意图、候选槽值及其匹配度，最后对特征向量进行分类得到槽值预测。Lei 等人（Lei et al., 2018）提出了信念跨度（belief span）的概念，它是对话中表示用户意图的文本跨度。Lei 等人将 DST 问题变成了基于(信念跨度, 机器回答, 用户提问 …)序列的序列标注问题，然后使用 Seq2Seq 模型来处理。该模型架构简单，减少了模型参数量和训练时间。

　　DP 根据 DST 估计的对话状态和预设候选动作集来选择策略，是对话系统的核心，其能力决定了对话系统的优劣。DP 模型可以通过不同方法建模，例如人工规则、监督学习和强化学习等。由于 DP 模型需要考虑多种因素（例如领域特征和对话动作复杂性），因此使用人工规则和监督学习的方法比较困难。目前，强化学习，特别是深度强化学习，逐渐成为主流方法。该方法将对话系统视作强化学习中的智能体，而用户是强化学习中的环境。对于每轮对话，智能体追踪对话状态，然后根据对话内容采取行动。行动包括回复用户信息，在知识库中查找信息等。通过用户的回复，智能体会得到反馈并更新其内部状态，即高质量的对话会获得奖励。DP 需要定义合适的奖励函数，例如，在面向任务的对话系统中，我们希望用最少的对话轮数帮助用户。如果对话成功结束，DP 会给予对话系统奖励，否则给予负奖励。此外，DP 还会对多轮对话施加惩罚，例如，多一轮对话就多一个负奖励。通过定义合适的奖励函数来缩短对话过程，以达到更好的人机交流效果。

10.1.3　自然语言生成

　　自然语言生成模块的目标是将对话管理模块输出的内容转换成合乎语法规则且表达准确的自然语言句子。好的回答句子应该具有连贯性、精确性、可读性和多样性。表 10-5 展示了一个餐馆对话系统中自然语言生成的例子。

表 10-5　餐馆对话系统的自然语言生成示例

对话管理模块输出	推荐（名字=大眼烤鸡,地点=市中心,食物=烤鸡）
自然语言生成	示例 1：市中心的大眼烤鸡店有烤鸡卖 示例 2：市中心有一家烤鸡店叫大眼烤鸡

　　自然语言生成的方法包括人工规则模板、语言模型和深度学习等。基于人工规则模板的方法需要人工设定对话场景，并根据场景来预先设计对话模板。模板的部分内容是固定的，而部分需

要根据对话管理模块的输出来动态填充。基于语言模型的方法根据语言模型生成对话，该方法生成的文本的准确性和流畅性不错，但是语言模型的计算效率较低。基于深度学习的方法普遍使用神经网络的编码器–解码器架构，如图 10-2 所示。它基本思想是将对话的动作和内容输入编码器生成嵌入向量，再利用解码器将该嵌入向量解码成自然语言句子。然而，基于深度学习的自然语言生成有不可控的风险，例如表达存在偏见。而且，流畅的输出需要遵循不少语法规则。工业界的主要自然语言生成方法还是基于人工规则模板。

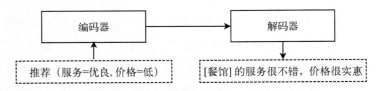

图 10-2　基于编码器-解码器架构的自然语言生成示例

自然语言生成还存在创建个性化回复困难的问题。目前，大多数自然语言生成的回答变化不多，不符合人与人之间交互的灵活多样性。自然语言生成需要更加接近人们的交互行为，并且能根据用户的年龄、个性、兴趣等来生成个性化回复。

10.2　开放域对话系统

与面向任务的对话系统不同，开放域对话系统（open domain dialog，也称聊天机器人）一般不需要完成特定的任务，而是与人在开放域进行交谈。目前开放域对话系统的实现方法大致可以分为检索式方法（retrieval-based method）和生成式方法（generation-based method）。检索式方法的主要思想是先构建一个供检索的对话语料库，再将用户输入视为对该检索系统的查询，从中选择一个进行回复。例如，当用户讲完话后，开放域对话系统先检索并初步召回一批候选回复，再根据对话匹配模型（例如查询和回复的嵌入向量点积）对候选回复重新排序并输出最佳回复。该方法的核心是让对话匹配模型进行查询和回复之间的语义匹配。使用生成式方法的对话系统则首先收集大规模对话语料作为训练数据，然后利用深度神经网络构建端到端的对话模型，来建立输入与回复之间的对应模式。对话模型在预测阶段会先计算输入的语义向量，再逐个生成词语组成回复。图 10-3 是检索式方法和生成式方法的示意图。

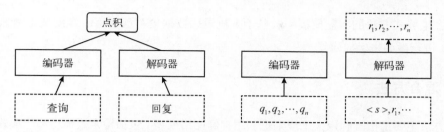

图 10-3 开放域对话系统实现的检索式方法（左）和生成式方法（右）示意图

10.2.1 检索式方法

检索式方法的回复模型将用户的语言输入视为查询 q，然后从一个大的对话文本库 C 中找到合适的回复 r。系统会根据查询 q 在 C 中找到得分最高的回复。得分一般通过点积相似度度量，即与 q 最相似的回复。深度神经网络架构可以用于编码查询 q 和回复 r。例如，可以使用 BERT 编码器 BERT_Q 和 BERT_R 来分别编码查询和回复，并用 BERT 编码器输出的[CLS]字符代表查询 q 和回复 r，然后通过两者的点积计算得到两者之间的语言相似度，来判断回复相关性。其大致过程如下所示：

$$h_q = \text{BERT}_Q(q)[\text{CLS}] \tag{10-1}$$

$$h_r = \text{BERT}_R(r)[\text{CLS}] \tag{10-2}$$

$$\text{response}(q, C) = \arg\max_{r \in C} h_q h_r \tag{10-3}$$

检索式方法可以使用更复杂的神经网络模型和更多上下文信息来编码查询和回复。此外，外部数据库也可以用来帮助进行查询。

10.2.2 生成式方法

生成式方法的回复模型通常利用 Seq2Seq 模型编码器-解码器来生成回复。它的主要思想是学习用户以前的交流及回复来得到当前的回复。模型将从以前的回复中学到将一个问题转换成一个答案的过程。本质上，编码器-解码器模型会基于问题 q 和当前所有的回复 $r_1, \cdots, r_{t-1}$ 来生成回复。模型通常会使用以前所有的对话来生成输入问题 q 的回复：

$$\hat{r}_t = \arg\max_{w \in V} P(w \mid q, r_1, \cdots, r_{t-1}) \tag{10-4}$$

当前，生成式方法的回复模型一般基于人机对话数据集对预训练语言模型（例如 BERT、GPT-3 等）进行微调来生成回复。

10.2.3 混合方法

混合方法主要是指既利用人工规则也利用神经网络模型（包括检索式模型和生成式模型）来生成回复。例如，混合方法通过两个回复生成模型得到最终回复，一个模型通过微调预训练语言模型来生成回复，另一个模型则通过人工规则（如 regex 等）来生成回复。混合方法给两个回复生成模型指定不同的优先级，然后使用排序器来得到最终回复。

10.2.4 开放域对话系统的关键问题

基于深度学习的开放域对话系统相比于基于特定任务的对话系统，其训练语料库没有根据场景和任务等信息进行区分，这使得它的对话模型存在一些关键问题需要解决。

1. 提高回复多样性

对于用户给定的问题，开放域对话系统模型一般存在多个合理的回复。基于检索式方法的模型可以改进候选回复的排序来提高回复多样性。而生成式方法的特点使得开放域对话系统倾向于选择概率较大的通用回复，例如"我不知道""我很好"等。Li 等人（Li et al., 2016a）发现使用 Seq2Seq 模型生成的回复中有很多是"我不知道"，而相对信息量更大的回复则出现的概率较小。虽然通用回复通常也是合理的，但意义不大。

降低通用回复出现概率的直接方法是改变模型的目标函数。Li 等人（Li et al., 2016a）提出一种基于最大互信息（maximum mutual information，MMI）的目标函数，将传统目标函数 $\log(T|S)$（给定输入问题 S 输出回复 T 的 log 可能性）变为 $\log p(T|S) - \lambda \log p(T)$（$\lambda$ 为调节参数）。通过新的目标函数，模型选择的最终回复为 $\hat{T} = \arg\max_{T}\{(1-\lambda)\log p(T|S) + \lambda \log p(S|T)\}$，它不仅取决于给定问题 S 生成回复 T 的概率，也取决于给定回复 T 生成问题 S 的概率。通过保持两者的平衡，模型可以限制通用回复来提高回复多样性。

另外一种提高回复多样性的方法是改进 Seq2Seq 模型解码器的束搜索算法。基于生成式方法的模型在 Seq2Seq 模型解码时使用束搜索算法会产生冗余的候选回复，可以从中挑选具有多样性的回复。Vijayakumar 等人（Vijayakumar et al., 2016）认为对话生成任务的正确答案不唯一。他们提出用一个度量候选序列之间多样性差异的方法扩大束搜索算法的搜索目标，来探索并得到不同的解码回复。

Xing 等人（Xing et al., 2017）提出将主题模型与 Seq2Seq 模型相结合，生成信息量大和有趣的对话回复。其基本思想是人们的对话过程通常与某个主题/话题（例如体育和娱乐）有关，并根据主题来进行回复。该方法首先利用预训练的 LDA 主题模型学习对话中的话题，然后将话题与用户输入相结合，最后利用注意力机制生成与话题相关的回复。

2. 引入知识库和外部信息

引入知识库和外部信息能给开放域对话系统提供有用的背景知识，使其能更好地回答问题。Young 等人（Young et al., 2018）首先尝试将常识知识库中的知识整合到端到端的对话模型中。他们使用了 3 个 LSTM 来分别编码问题、回复和常识，将对话相关常识整合到模型中。Yang 等人（Yang et al., 2018）提出了两种将外部问答知识融合到检索式问答模型中的方法：方法(1)从外部知识库中检索与候选回复相关的问答对作为伪关联反馈（psuedo relevance feedback）来丰富候选回复的表征；方法(2)从问答数据中提取匹配的问题和答案对作为外部信息输入模型。Ghazvininejad 等人（Ghazvininejad et al., 2018）提出了一个基于知识库的开放域对话系统。它的核心思想是首先在对话中找到实体（例如地点、组织等），再从知识库中搜索到实体信息，然后将实体信息和对话数据进行编码并输入模型，通过多任务学习来将实体信息整合到对话模型中。Zhou 等人（Zhou et al., 2018a）用图注意力机制将知识图谱信息整合到对话生成模型中。该模型主要包含知识解释模块、编码器–解码器模块和知识生成模块。知识解释模块采用静态图注意力机制生成对话中实体的知识图谱信息（图和对应的知识三元组）表征来增加对话的语义信息，再输入编码器–解码器模块。知识生成模块根据解码器输出，采用动态图注意力机制从知识图谱中选择图和对应的知识三元组来生成回复。

3. 融入人类情感

融入人类情感是开放域对话系统希望达到的重要目标。相比于检索式方法，生成式方法具有更容易融入人类情感的优势。Zhou 等人（Zhou et al., 2018b）首先将情感因素引入大规模生成式对话系统，提出了情感对话机器（emotional chatting machine，ECM）。该模型先使用情感分类器将对话训练数据中每一个(对话, 回复)对进行分类，得到情感标签（例如高兴、悲伤等），再在编码器–解码器架构的基础上，使用情感标签嵌入、内部记忆（internal memory）网络来表示情感变化，使用外部记忆（external memory）网络来选择情感词和一般词，使得 ECM 能整合情感信息。ECM 在预测阶段可以根据指定的情感分标签生成融入情感的回复。Asghar 等人（Asghar et al., 2018）针对在对话中引入情感的问题，对 Seq2Seq 对话模型做了以下改进：使用情感词嵌入，在传统交叉熵损失函数的基础上，引入与情感因素相关的损失函数，使回复带有情感色彩；此外，在模型解码器解码时考虑情感因素，使得候选情感回复具有多样性。Zhou 等人（Zhou et al., 2018d）利用带有情感符号（emoji）的 Twitter 对话数据来训练交流带情感的对话模型。该模型基于条件变分自编码器（CVAE）构建，并通过强化学习方法进行训练。

10.3　对话系统的评测

面向任务的对话系统可以通过人工标注来进行自动评估，例如任务完成测试等。但是开放域对话系统（聊天机器人）的回复具有多样性，自动评估问题仍然尚未解决。性能良好的开放域对话系统需要具备如下特点：回复语义相关度高、信息量大、表达方式多样等。针对不同的实现方法，系统评测的具体指标有差异。图 10-4 展示了开放域对话系统的主要评测方法。

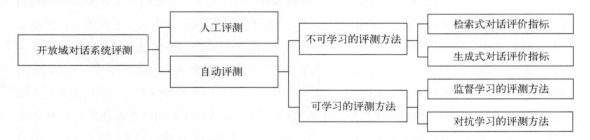

图 10-4　开放域对话系统（聊天机器人）的评测方法

人工评测即由测试人员对系统对话的回复质量进行评测。与之相对的是自动评测，它又分为不可学习的评测方法和可学习的评测方法。两者的区别在于，前者仅对回复本身的内容进行评测；而后者除了考虑回复本身，还考虑回复的上下文，可以通过监督学习和对抗学习方法来进行评测。

不可学习的评测方法对检索式对话系统和生成式对话系统有不同的评价指标。对于检索式对话系统，候选回复的排序质量是核心评测内容，一般可以使用信息检索系统的常用评价指标来进行评测，例如准确率、召回率和 F1 值等。进一步，可以对整个测试集和所有查询求平均准确率（mean average precision，MAP）。其他评价指标还包括 R-Precision，它是针对单个查询检索出 R

个回复时的准确率，其中 R 是测试集中与查询相关的回复。例如，Precison@10 是系统对于单个查询返回前 10 个结果的准确率。

对于生成式对话系统，如果不存在参考回复，可以使用如下几种指标来评测。

- 困惑度（perplexity）。它用来评价回复语句的质量。其基本思想是，测试生成的回复语句质量越高，其困惑度越低，越接近人类正常说话，模型越好。使用困惑度评测的缺点是不能评估对话中回复与上文的相关性。
- 回复多样性。可以通过计算生成的回复中一元词和二元词的比例来衡量回复的多样性。
- 平均回复长度。可以使用平均回复长度来衡量对话生成效果，一般认为生成长句的模型质量较高。

对于生成式对话系统，如果存在参考回复，可以采用如下几种指标来评测。

- 基于词语重叠的方法。例如，在机器翻译中常用的评价指标 BLEU、ROUGE 和 METEOR 等。
- 基于词向量相似度的方法。它的基本思想是将句子转换为语义向量表示，再通过余弦相似度等方法计算生成回复和真实回复之间的语义相似度，具体方法有贪婪匹配（greedy matching）和平均匹配（embedding average）。贪婪匹配即对于真实回复的每个词，寻找生成回复中与之词向量相似度最高的词，并将其余弦相似度相加求平均值，对生成回复再做一遍，并取两者的平均值。该指标主要关注两句话之间最相似的词语。平均匹配即直接使用句向量计算真实回复和生成回复之间的余弦相似度。句向量是句子包含的词向量的加和平均值。

可学习的评测方法将自动对话评测转化成机器学习问题。例如，通过训练一个神经网络评价模型来对对话系统进行评价。Lowe 等人（Lowe et al., 2017）提出了 ADEM 评价模型，通过对输入回复预测一个分数来评价对话模型。

第 11 章

情感分析

情感分析（sentiment analysis）也叫意见挖掘（opinion mining），是指人们对文本中提到的实体及其属性的情感和意见的研究（Liu et al., 2012）。情感和意见是个人的主观感受，常受到他人的影响。当需要做出决策时，个人常征求他人的建议，对组织和公司来说亦然。随着互联网社交媒体的迅速发展，大量以数字形式记录的情感和意见数据生成，即用户生成内容（user-generated content，UGC）。从 UGC 中挖掘人们的情感和意见催生了情感分析。自 2000 年以来，情感分析一直是 NLP 中活跃的研究领域（Liu, 2012；2015）。近年来，深度学习已经成为情感分析的主流方法（Zhang et al., 2018）。

简而言之，情感分析是从文本中挖掘人们的意见。意见一般由 4 个元素 (s, g, h, t) 组成：s 代表情感取向（sentiment orientation），g 代表情感目标，h 代表意见持有人，t 代表时间。情感取向可以是正面、负面或者中性，也可以用分数来表示。情感目标也称意见目标，它是被表达意见的实体或实体的属性。意见持有人是持有意见的个人或组织。时间是当意见被表达出来的时间。我们使用以下照相机评论来进行说明（为了便于参考，ID 编号与每个句子关联）：

Posted by John Smith   Date: September 10, 2011

(1) I bought a Canon G12 camera six months ago. (2) I simply love it. (3) The picture quality is amazing. (4) The battery life is also long. (5) However, my wife thinks it is too heavy for her.

根据评论结果，情感分析的任务是分别从第(2)、(3)、(4)和(5)句中提取以下意见四元组：

（正面, Canon G12 camera, 作者, 2011/09/10）

（正面, the picture quality of Canon G12 camera, 作者, 2011/09/10）

（正面, the battery life of Canon G12 camera, 作者, 2011/09/10）

（负面, the weight of Canon G12 camera, 作者的妻子, 2011/09/10）

意见目标可以是实体(Canon G12 camera)或实体的一个属性(例如 picture quality、battery life 和 weight)。这个实体属性可以是明确的(例如 battery life)或者隐含的(例如属性 weight 在评论中被隐含表达为 heavy)。

许多情感分析系统将意见目标分解到实体和实体的属性,以进行更精细的分析。所以,上述分析还可以进一步用如下五元组表示,其中"整体"代表实体本身:

(正面, Canon G12 camera, 整体, 作者, 2011/09/10)

(正面, Canon G12 camera, picture quality, 作者, 2011/09/10)

(正面, Canon G12 camera, battery life, 作者, 2011/09/10)

(负面, Canon G12 camera, weight, 作者的妻子, 2011/09/10)

以上的情感分析通常被称为基于方面的情感分析(aspect-based sentiment analysis)(Hu and Liu, 2004;Liu, 2012)。

单个意见持有人的意见不具有代表性。情感分析需要总结大量意见持有人的意见。意见汇总通常基于对意见目标的正面情绪和负面情绪,即所谓基于方面的意见摘要。图 11-1 展示了谷歌购物上对 iPad 的评论的意见摘要。一般来说,意见摘要需要定量分析,这反映在每一个情感目标或方面正负面意见的比例或数量上。

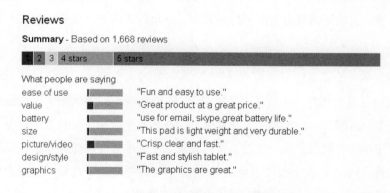

图 11-1　情感分析的意见摘要

11.1　情感分析的分类

根据研究和理解文本的层次不同,情感分析一般分为文档级情感分析(document-level sentiment

analysis）、句子级情感分析（sentence-level sentiment analysis）和方面级情感分析（aspect-level sentiment analysis）。

11.1.1　文档级情感分析

文档级情感分析是指分析意见文档（例如产品评论）所表达的正面或负面的情感，它不提取和分析文档内所描述的任何实体及其属性的信息，也称文档级情感分类（document-level sentiment classficaiton）。

文档级情感分类通常被视为二分类监督学习问题（正面和负面）或者评级分类问题（例如，评价为 1~5 星）。传统的监督学习方法，如朴素贝叶斯、SVM 和决策树等，可以直接用于情感分类。Pang 等人（Pang et al., 2002）首先采用传统分类方法对电影评论进行分类。后来，很多新的机器学习方法被提出，它们主要的创新来自人工设计有效的特征。目前，基于神经网络的表征学习是情感分类的主流方法，它能够自动编码文档的语法和语义信息并将其作为特征（Tang et al., 2015；Yang et al., 2016）。

无监督学习也可以应用于情感分类，主要基于情感词典、语言规则和模式来进行分类。表示正面情感或负面情感的词（例如，"好"是正面情感词，"坏"是负面情感词）在情感分类中起着重要作用（Turney, 2002；Kim and Hovy, 2004）。Taboada 等人（Taboada et al., 2011）提出基于情感词典的分类方法，它使用具有分数的情感词和短语，并对文档中出现的情感词和短语进行聚合来分类。

监督学习方法的一个不足之处是对领域敏感，即将通过某个领域的意见文档训练的分类器应用到另一个领域的意见文档时，分类器的表现不佳。原因在于不同领域用于表达意见的词语可能不同，并且同一个词可能在一个领域中是正面的，但在另一个领域中是负面的。为了解决以上问题，领域适应或迁移学习被用来学习领域不变的知识，并通过特征选择或自动表征学习来改进跨领域分类器的表现。Peng 等人（Peng et al., 2018）提出可以提取关于目标域数据的领域不变和领域依赖的特征，并根据目标域中的有限标签，相应地训练两个分类器来进行情感分类。

文档级情感分析的一个主要研究方向是跨语言情感分类。它侧重于利用资源丰富语言（如英语）的数据和工具，去帮助构建针对资源贫乏语言的情感分类器（Wan, 2009；Mihalcea, Banea and Wiebe, 2007）。在这种任务中，通常采用自动翻译。跨语言情感分类通常有三种策略。

- □ 将目标语言中的测试文档转换为源语言，并使用源语言分类器对它们进行分类。
- □ 将源语言训练语料库转换为目标语言，并在目标语言中构建分类器。
- □ 将源语言中的情感词典翻译为目标语言，并在目标语言中构建基于词典的分类器。

此外，多语种文本表征学习也显示出较好的效果。Zhou 等人（Zhou et al., 2016）提出了一个跨语言情感分类模型。在使用机器翻译将训练数据转换为目标语言后，他们采用了一个基于注意力机制的双向 LSTM 对双语文档进行建模。

11.1.2 句子级情感分析

由于句子可以视为短文，因此句子级情感分析类似于文档级情感分类，但更为困难。句子包含的信息一般比文档少，而且除了正面和负面分类，句子级情感分析还需考虑中性类别。在意见文档中，许多陈述事实的句子并没有表达正面或者负面意见。

文档级情感分类技术可以直接应用在句子级情感分析中。而一些针对句子的情感分类方法也被提出，比如分层序列学习（McDonald et al., 2007）。基于句子表征的神经网络模型可以用于句子级情感分析。解析树能提供句子的语义和语法信息，它们可以与单词一起作为神经网络的输入（Socher et al., 2013）。除了解析树，CNN 和 RNN 也可用于句子表征学习，它们不需要解析树从句子中提取特征，而是使用词嵌入作为输入，词嵌入可以编码一些语义和语法信息。此外，CNN 和 RNN 的模型架构可以帮助我们了解句子中单词之间的内在关系（Kalchbrenner et al., 2014; Kim, 2014; Wang et al., 2016a）。

不同类型的句子可能需要使用特殊的情感分类方法，比如比较句和条件句（Liu, 2012）。比较句通常对两个实体的属性进行比较。例如，句子"A 可乐的味道比 B 可乐好"是根据 A 可乐和 B 可乐的口味进行比较的。情感分类任务需要对比较实体进行判断（Jindal and Liu, 2006; Ma et al., 2020）。条件句一般是描述假设情况及其后果的，它通常包含两个相互依赖的分句：条件分句和结果分句。两者的关系对判断句子最终表示正面还是负面情感有重大影响（Narayanan et al., 2009）。例如，句子"如果有人制造一辆可靠的汽车，我会买它"，它虽然包含"可靠"这个正面情感词，但并不表示对任何特定汽车的情感。Narayanan 等人（Narayanan et al., 2009）提出使用监督学习来处理条件句的情感分类，其中使用了一系列语言特征，包括情感词、情感短语及其在文中的位置、情感词的词性标签和条件连接词等。

句子级情感分析的一个难点是讽刺句子。讽刺是一种复杂的讲话形式，人们表达的是与字面相反的意思。在情感分析中，这意味着当一个人说一些正面话的时候，实际上是在表达负面的情感，反之亦然。讽刺句子很难处理，因为需要首先通过常识和话语分析来发现讽刺的表达（ Tsur et al., 2010；Riloff et al., 2013；Zhang et al., 2016；Poria et al., 2016a ）。

句子级情感分析的一个热门研究问题是确定主观性和客观性句子。主观表达是呈现人们的情感、意见、评价、指控、欲望、信仰、怀疑、猜测或立场。其中有些表达正面或负面的情感，有些则没有，例如“我想买一个相机，可以拍好照片”是一个主观的句子，但没有表达正面或负面的情感，只是客观陈述一般事实。值得注意的是，客观性句子也有可能表达正面或负面情感，因为句子中包含可取的事实和不受欢迎的事实。例如，句子“我一周前买了床垫，中间塌了一个坑”说明了一个事实，但该事实是不好的，其暗示了对床垫质量的负面看法。

11.1.3　方面级情感分析

方面级情感分析是对实体的方面/属性进行细粒度分析。文档级情感分析和句子级情感分析不涉及意见目标，然而有些情感分析应用需要了解意见目标。没有意见目标，任何正面或负面情感分析的作用都是有限的。例如，句子 "Trying out Chrome because Firefox works poorly." 表达了负面情感。但是如果我们不知道负面评价是针对 Firefox，而不是 Chrome 的，则情感分析没有什么用处，甚至可能具有误导性。另外，许多句子包含复杂意见，例如，对于句子 "The performance of the car is great but the price is too high."，方面级情感分析应该发现其对汽车的 "performance" 方面的意见是正面的，但对 "price" 方面的意见是负面的。方面级情感分析在实体的方面，能比文档级情感分析或句子级情感分析提供更多有用的信息。

我们可以使用监督学习来进行方面级情感分析（ Wang et al., 2016c ），但用于文档级情感分析和句子级情感分析的各种特征已不再适用。原因在于这些特征没有考虑意见目标，因此无法确定意见针对哪个目标。为了解决这个问题，早期研究（ Jiang et al., 2011 ）提出了两种方法在机器学习中考虑意见目标。

- 生成一组取决于句子中每个意见目标的特征，例如考虑它们与每个目标距离的权重特征。
- 检查每个意见表达的适用范围，以确定它是否涵盖句子中的目标。例如，句子 "Apple is doing very well in this bad economy." 中，bad 这个词的适用范围只涵盖 economy，而不包括 Apple。

与文档级情感分析和句子级情感分析一样，表征学习在方面级情感分析中也广泛应用。它一般包括三个任务：

❑ 意见目标的上下文表征；

❑ 生成意见目标表征，类似于词嵌入；

❑ 确定特定目标的重要情感词。

例如，句子 "The screen of iPhone is clear but battery life is short." 中，clear 是 screen 的重要上下文词，short 是 battery life 的重要上下文词。这项任务可以通过注意力机制来解决（Wang et al., 2016d）。此外，Wang 等人（Wang et al., 2018b）还提出利用记忆网络捕捉意见目标和上下文情感关系进行方面级情感分析。

无监督学习也可以应用在方面级情感分析中。它是以词典为基础的方法（Hu and Liu, 2004；Ding et al., 2008），而且是实际应用系统中常用的方法。该方法使用情感聚合函数来计算句子中目标的情感取向。该函数考虑了情感表达（单词或短语）与句子中的意见对象的距离，利用情感表达和意见目标的语法关系来查找每个情感表达的应用范围（Liu, 2012；2015）。基于词典方法的主要模块如下。

❑ 情感表达的词典，包括情感词、短语、成语和作文规则（Liu, 2012）。

❑ 一套规则，用于处理不同的语言结构（如情感转变和"但"从句）和不同类型的句子。

❑ 情感聚合函数或一组从解析树中得出的情感和目标关系，以确定每个目标的情感取向（Liu, 2012；2015）。

与常规意见句不同，比较句表示基于多个实体的相似性或差异的关系。在英语中，比较通常采用形容词或副词的比较级或最高级的形式，例如句子 "The picture quality of Canon cameras is better than that of Sony cameras."。对于比较句的情感意见，方面级情感分析方法是必要的，因为只在句子级别判断并比较句子表示正面、负面或中立的情感是没有意义的（Jindal and Liu, 2006；Liu, 2015；Ma et al., 2020）。

11.1.4　监督学习和基于词典的方法比较

在情感分类中，监督学习方法的主要优点是可以自动学习情感分析的各种特征，而这些特征大多难以被基于词典的方法使用。但是，监督学习方法依赖训练数据，需要手动标注。这会造成从一个领域的标注数据中训练的分类器通常在另一个领域中不起作用。因此,对于每个新的领域,需要重新标注训练数据,这非常耗时费力。此外,监督学习方法很难学到低频出现的特征。

基于词典的方法能够在一定程度上避免以上问题,在大量实际应用系统中表现良好。它的主要优点是具有领域独立性,即可以应用于任何领域,而不需要像监督学习方法一样,需要对大量训练数据进行人工标注。基于词典的方法也很灵活,应用系统可以很容易地对其进行扩展和改进。如果出现错误,系统只需要更正一些现有规则或将新规则添加到系统的基础规则中即可。然而,基于词典的方法也有缺点,例如构建词典、模式和规则的初始知识库需要大量的投入。此外,虽然基于词典的方法是领域独立的,但仍需要做一些额外的工作来处理每个域的特性。它很难处理依赖领域/上下文的情感词和短语。

11.2　方面和实体提取

方面和实体提取（aspect and entity extraction）的任务是从意见文档中识别和提取意见目标,即方面或实体。方面提取和实体提取是密切相关的任务,方面提取的想法和方法也可以应用在实体提取任务中。现在的研究大多集中在方面提取上。目前,方面提取方法大致可以分为 4 类:挖掘频繁出现的名词短语,利用情感词与目标词之间的语法关系,应用监督学习模型,以及使用主题模型（Liu, 2012）。以上方法都在实际应用中被使用。

11.2.1　挖掘频繁出现的名词短语

由于人们在评论同一产品方面时经常使用相同的词语,Hu 和 Liu（Hu and Liu, 2004）发现对评论中提到实体的方面,只需找出其中频繁出现的名词和名词短语,使用频繁项集挖掘（Agrawal and Srikant, 1994）即可。这些频繁出现的名词和名词短语更可能是情感分析的重要方面,因为人们通常频繁地评论这些方面。

11.2.2　利用情感词与目标词之间的语法关系

Hu 和 Liu（Hu and Liu, 2004）观察到形容词（即情感词）经常修饰（或描述）名词（如 great picture）,他们利用这种关系来识别以上基于频率的方法很难找到的方面。Zhuang 等人（Zhuang et al., 2006）根据依赖语法（dependency grammar）,利用一套依赖关系从电影评论中提取了一些方面和情感词对。Qiu 等人（Qiu et al., 2011）进一步延伸了这个想法,并提出了一种算法——

DP（double propagation，双传播）。DP 方法使用一组从某些依赖关系中得到的手动编译的依赖性规则，通过引导过程同时识别两个方面和情感词。这些方法都基于这样一种观点，即一个情感词对应一个或多个目标，并且在句子中通常有句法关系将情感词和句子中的目标联系起来（Qiu et al., 2011；Liu, 2012）。因此，情感词可以通过已经识别的方面来识别，方面可以通过已知的情感词来识别。提取的情感词和方面用于识别新的情感词和方面，这些方面再次用于提取更多的情感词和方面。这就是 DP 方法的基本思想。近些年这种方法进一步发展，出现了自动规则选择（Liu et al., 2015）和从机器翻译研究得到的单词对齐想法（Liu et al., 2013）。

11.2.3　应用监督学习模型

序列学习模型，如隐马尔可夫模型（HMM）和 CRF，广泛用于信息提取任务中，因此它们也可用于方面提取。方面提取可视为一个序列标注任务，因为实体、方面和意见表达是相互依存的。Jin 等人（Jin et al., 2009）利用词汇化的 HMM 从评论中提取产品方面和意见表达。与传统的 HMM 不同，它们将语言特征（如词性和词汇模式）集成到 HMM 中。Jakob 和 Gurevych（Jakob and Gurevych, 2010）利用 CRF 从意见句子中提取方面。

目前深度学习是方面提取的主流方法，因为它能学习到复杂的特征表征。当某个特征空间能正确描述某个方面时（例如在一个或多个隐藏层），通过其相应的特征表示之间的相互作用来捕获某个方面与其上下文之间的语义或相关性。换句话说，深度学习提供了一种无须人工参与的进行自动化特征工程的可能方法。Wang 等人（Wang et al., 2016a）提出了一个联合模型，将 RNN 和 CRF 整合在一起，以共同提取方面和意见术语或表达方式。他们的模型可以学习高层次的分别性特征（discriminative feature），同时在方面和意见术语之间双向传播信息。He 等人（He et al., 2017b）提出了一个基于注意力的无监督方面提取模型。它利用注意力机制，在学习方面嵌入时，更加注重与方面相关的词语，同时考虑与方面无关的词。近些年，许多方法被提出用于共同提取方面和相应的情感词。Zhang 等人（Zhang et al., 2015）利用神经网络扩展了 CRF 模型，以共同提取相关方面和相应的情感词。他们提出的 CRF 变体将 CRF 中的原始离散特征替换为连续的词嵌入。随后，一种基于双嵌入和 CNN 的序列标注方法也被提出（Xu et al., 2018）。

11.2.4　使用主题模型

主题模型，如 PLSA（潜在语义分析）和 LDA，已广泛用于从文档中挖掘隐藏的主题。在方面提取任务中，方面实际上是主题建模任务中的主题。Mei 等人（Mei et al., 2007）提出了一个可以同时提取方面和情感词的模型。Titov 和 McDonald（Titov and McDonald, 2008）指出，一般的主题模型，如 PLSA 和 LDA，可能不适合从评论中提取方面。为了解决这个问题，他们提出用多粒度（multi-granularity）主题模型来发现各个方面。他们提出了两种主题模型：全局主题（global topic）和局部主题（local topic）。Lin 和 He（Lin and He, 2009）提出了一个联合主题-情感模型，通过增加一个情感层来扩展 LDA。它从语料库中同时抓取情感词和方面。沿着这一路线，还有进一步的工作要做（Brody and Elhadad, 2010；Wang et al., 2010；Zhao et al., 2010；Jo and Oh, 2011）。Mukherjee 和 Liu（Mukherjee and Liu, 2012）提出了一些基于知识的模型，这些模型可以利用先前的领域知识来产生更好的结果。Chen 和 Liu（Chen and Liu, 2014）提出了终身主题模型，利用大数据自动挖掘先前的知识，用于建模过程。

11.3　情感词典

情感词对情感分析有很大帮助，正面情感词用于表达好的状态，而负面情感词用于表达不好的状态。正面情感词的例子有"美丽""美妙""美好"等，负面情感词的例子有"坏""可怜""可怕"等。除了单个的词，还有情感短语和成语。为了构建一个情感词列表或词典，两种方法被提出：基于词典的方法和基于语料库的方法。

11.3.1　基于词典的方法

基于词典的方法使用一些种子情感词和在线词典，如 WordNet 或同义词库。其基本策略是，首先手动收集一小组已知情感方向的情感词，然后通过 WordNet 或在线同义词库查找其同义词和反义词来对其进行扩充。新发现的单词被添加到种子列表中，然后开始下一次迭代。当不再发现有新词时，迭代过程就会停止（Hu and Liu, 2004；Kim and Hovy, 2004；Kamps et al., 2004）。

11.3.2　基于语料库的方法

基于语料库的方法依赖语法模板和种子情感词，在一个大语料库中找到其他相关情感词。Hazivassiloglou 和 McKeown（Hazivassiloglou and McKeown, 1997）提出了关键想法，他们使用一组种子情感词和一套语言限制或连接约定来识别额外的情感词及其方向。其中一个限制是关于连接词"和"的，它可以连接形容词，其前后的词通常具有相同的情感取向。例如，句子"这辆车是漂亮和宽敞的"。由于"漂亮"是众所周知的正面词，因此我们可以推断，"宽敞"也是正面词。这些规则或限制也可以用在其他连接词上，如"或""但"等。这种约束被称为情感一致性（sentiment consistency）。Kanayama 等人（Kanayama et al., 2006）与 Ding 和 Liu（Ding and Liu, 2008）将这种情感一致性在句子与句子中进行了扩展。Ding 和 Liu（Ding and Liu, 2008）进一步表示，同一个词可能在一个句子中表示正面情感，但在另一个句子中表示负面情感。例如，在汽车评论领域，"安静"一词在以下两句话中表达了相反的观点："这辆车非常安静"（正面）和"汽车的音频系统非常安静"（负面）。在确定情感词的情感取向时，建议将情感词和方面结合起来考虑。为了确定（方面和情感词的）情感取向，上述情感一致性的理念仍然可以使用。类似地，Choi 和 Cardie（Choi and Cardie, 2009）研究了将通用情感词典应用到特定的领域。在最近的研究中，Zhao 等人（Zhao et al., 2019）提出了一种通用的情感词典生成方法，创建多语种 BPE（byte pair encoding）并将其嵌入 1500 多种语言。该方法可以成功地将情感转移到其他语言，而无须依赖语言的预处理。

11.4　多模态情感分析

多模态情感分析是 NLP、计算机视觉和语音处理交汇的一个新兴领域（Liang et al., 2017；Poria et al., 2017a），它的首要目标是利用文本、视觉和声学数据中的多样化信息来学习情感分析模型。特征选择与融合是多模态情感分析的关键任务。Poria 等人（Poria et al., 2016b）提出了一个基于多核学习的特征选择模型，其中使用深度卷积神经网络来提取文本特征并将其与其他（视觉和声音）预测模式融合在一起。Zadeh 等人（Zadeh et al., 2017）提出了 Tensor Fusion 网络（TFN），以捕捉多模式、模式间和模式内动态。Poria 等人（Poria et al., 2017b）使用视频数据，将上下文信息考虑在内，进行情感分析。他们建议采用基于 LSTM 的模型进行话语级分析，该模型可以在同一视频中从周围环境中捕获上下文信息。Akhtar 等人（Akhtar et al., 2019）提出了一个上下文跨模式注意力框架，通过多任务学习预测分析对象表达的情感。

本章简要介绍了情感分析，有兴趣的读者可以参考相关文章（Liu, 2015；Zhang, 2018）。情感分析是一个极具挑战性的研究问题，有很多实际应用。多年来，它一直是自然语言处理中最活跃的研究领域之一。虽然人们已经在此领域取得了重大进展并建立了许多工业级应用系统，但该问题仍然具有挑战性。在许多情况下，情感分析结果仍然不能令人满意。应用需求和技术挑战将使得情感分析研究会在未来依然保持活力。

第 12 章

ChatGPT

ChatGPT 是由 OpenAI 开发的聊天机器人。它在大型语言模型（large langue model，LLM）GPT-3.5 的基础上通过基于人工反馈的强化学习（reinforcement learning from human feedback，RLHF）方法训练而成。ChatGPT 以文字方式与用户进行交互。除了与人聊天，ChatGPT 还可以执行文本生成、文本摘要和自动问答等多种任务。它于 2022 年 11 月发布后，受到了普通大众的热烈关注。上线短短两个月后，ChatGPT 的用户数量就达到了 1 亿。

ChatGPT 展现出了强大的自然语言理解和自然语言生成能力。它能理解用户讲话的意图，与用户讨论和回答广泛的问题，还能根据上下文进行多轮交互。它能根据用户输入的要求，自动生成高质量的自然语言文本，例如能生成诗歌、剧本、市场报告等不同题材的文本；能模仿人物角色和写作风格进行创作；能根据不同自然语言（如英文和中文）进行创作；还能编写和调试计算机程序。此外，它还具有处理异构数据的能力（例如多语言混合处理、自然语言和计算机语言混合处理等）。ChatGPT 还展现出了能通过图灵测试的类人能力，包括理解世界上不同事物之间的关系，理解人与人之间的关系，能及时接受用户反馈，回答风趣幽默、善解人意，并且能保持一定的价值原则。

OpenAI 公司并没有开源 ChatGPT。但是从其官方博客中，我们可以了解到 ChatGPT 使用了两项关键技术：大型语言模型（LLM）和基于人工反馈的强化学习（RLHF）。下面详细介绍这两项技术。

12.1 大型语言模型

LLM 可以捕捉自然语言的语义和上下文信息，因此在 NLP 任务中取得了很大的成功。通过大规模的预训练和微调，LLM 在许多 NLP 任务上表现优异，例如机器翻译、文本生成、文本分类、情感分析和自动问答等。ChatGPT 是通过对 GPT-3.5 这个 LLM 进行微调得到的。

12.1.1　语言模型的演化

第 3 章介绍过语言模型的演化，从 n 元语言模型到神经网络语言模型，再到预训练语言模型，直到最近的 LLM。

早期的 n 元语言模型是基于统计模型的语言模型，也称统计语言模型，即通过文本句子中前 n 个词来预测第 $n+1$ 个词。当时，NLP 采用独热编码表示单词和词袋模型来表示文本，虽然计算机能通过其方便地处理文本，但是独热编码和词袋模型忽略了单词语义关系和上下文信息。

根据分布假说（上下文相似的词，它们的语义也相似），词的分布表征方法被提出，代表方法为神经网络语言模型：Word2Vec 和 GloVe。相比于独热编码，分布表征将词用低维、稠密和连续的向量来表示，也称词嵌入。语义相近的词，其词嵌入也相似，从而可以通过词嵌入相似度来判断语义相似度。然而，Word2Vec 和 GloVe 等方法对一个词生成唯一的词嵌入，所以无法解决自然语言中的一词多义问题。例如，英文单词"bank"既可以表示"河岸"，也可以表示"银行"。

ELMo 的出现标志着语言模型演化到了预训练语言模型阶段。ELMo 考虑了词出现的上下文来生成词向量，即根据上下文的不同，同一个单词会有不同的词嵌入，从而较好地解决了一词多义的表示问题。ELMo 使用深度双向 LSTM 作为训练模型，并通过将模型的中间层表示组合来生成词嵌入。谷歌公司在 2017 年提出了 Tansformer，它的出现大大促进了预训练语言模型的发展。相比于 RNN/LSTM，Tansformer 的自注意力机制能更好地解决 NLP 中的长程依赖问题，而且 Tansformer 有并行处理能力，能快速处理大规模语料，所以逐步取代了 RNN/LSTM，成为主流的训练模型。很多基于 Transformer 的大预训练语言模型陆续发布，例如 GPT 和 BERT。它们分别属于自回归（auto-regression）语言模型和自编码（auto-encoder）语言模型。自回归语言模型只能看到上文，在预训练过程中根据上文去预测下一个单词；而自编码模型能看到所有上下文，在预训练过程中，对输入文本随机掩盖部分单词（掩码词），再通过上下文去预测掩码词。

由于语言模型与许多 NLP 任务密切相关，例如机器翻译、自动问答、对话系统等，所以这些 NLP 任务可以利用预训练语言模型，通过迁移学习的方式来处理，即对于具体的 NLP 任务，利用少量任务标注数据对预训练语言模型进行微调来解决问题。

2020 年，OpenAI 公司发布了 GPT-3 模型和论文（Brown et al., 2020），标志着语言模型进入

了 LLM 时期。GPT-3 也是一个自回归语言模型，利用 Tansformer 解码器来进行训练，它的神经网络包含 1750 亿个参数，在发布时为参数最多的神经网络模型。GPT-3 在许多 NLP 任务上展现了强大的零样本学习和小样本学习的能力。随着 GPT-3 发布，各大公司纷纷发布自己的 LLM。表 12-1 列出了最近发布的部分 LLM。

表 12-1　LLM

模型名称	发布公司	最大模型参数数量	训练字符（token）数量
GPT-3	OpenAI	1750 亿	5000 亿
Gopher	DeepMind	2800 亿	3000 亿
Chinchilla	DeepMind	700 亿	14 000 亿
PaLM	Google	5400 亿	7800 亿
LLaMA	Meta	650 亿	14 000 亿

12.1.2　大型语言模型的最优训练

LLM 的训练主要考虑 3 个因素：计算量、模型大小和训练字符数量。计算量通过 FLOPS（floating point operations per second，每秒浮点运算次数）来衡量，模型大小通过模型参数数量来衡量，训练字符数量是指训练数据中不同字符的数量。

由于训练 LLM 需要的计算量很大，因此训练过程要消耗大量算力。在算力有限的情况下，如何达到最佳训练效果是一个重要问题。最近的研究（Hoffmann et al., 2022）表明：(1)为达到最佳训练效果，LLM 参数数量和训练字符数量需要同等缩放，即模型参数数量扩大一倍，训练字符数量也需要扩大一倍；(2)在算力有限的情况下，表现最好的模型不是参数数量最多的模型，而是参数数量较少但训练字符数量更多的模型。在表 12-1 中，Hoffmann 等人（Hoffmann et al., 2022）提出的 Chinchilla 虽然模型较小，但其表现强于模型较大的 Gopher 和 GPT-3。Touvron 等人（Touvron et al., 2023）发现，即使参数数量较少，如果能增加训练字符，模型的表现仍然会提高。例如，一个参数只有 70 亿的模型在见到 10 000 亿训练字符后，其表现依然会随着训练字符的增加而提升。

12.1.3　语境学习

随着 LLM 变大和能力不断提高，它涌现出一个很重要的能力：语境学习（in-context learning）（Dong et al., 2022; Wei et al., 2022a）。这也为 NLP 任务引入了一种新的学习范式，包括零样本语境学习（zero-shot in-context learning）和小样本语境学习（few-shot in-context learning）。它是指通过给预训练的大型语言模型提供任务的文本描述，不提供训练示例或只提供少量训练示例，来处理从未见过的 NLP 任务，而不需要像以前做微调一样对参数进行更新。表 12-2 和表 12-3 分别是零样本语境学习和小样本语境学习的例子。

表 12-2 零样本语境学习

任务的文本描述	"翻译英文到中文"
训练示例	无
问题（测试例子）	"machine learning" =>

表 12-3 小样本语境学习

任务的文本描述	"翻译英文到中文"
训练示例	"computer" => "计算机"
	"data structure" => "数据结构"
	"algorithm" => "算法"
问题（测试例子）	"machine learning" =>

从表 12-2 和表 12-3 可以看出，零样本语境学习不需要提供任何任务示例，小样本语境学习仅需提供少量（1 到 64 之间）任务示例。小样本语境学习中的训练示例被称为提示（prompt），给定测试例子 x_{test}，我们需要将其和提示联结输入 LLM 来得到答案，即 LLM(Prompt: x_{test}) => y_{test}。

与对预处理语言模型（如 BERT 和 GPT）采用微调的方法来处理下游 NLP 任务的范式相比，语境学习作为一种新的学习范式有以下优势：(1)通过自然语言描述任务，问题和示例与 LLM 交互，这种方式更易于将人类的知识纳入 LLM；(2)更类似于人类的学习和决策过程，只需要少量示例去类比学习，更容易适应新的 NLP 任务；(3)对于不同的 NLP 任务，只需要部署一个大型语言模型来处理，系统部署更容易。然而，语境学习的产生原因和工作机制仍然不是很清楚，目前只有一些初步的研究结果（Dai et al., 2022）。

12.1.4 提示工程

LLM 语境学习的效果与用户输入的训练示例（提示）有关，例如训练示例的选择、展示顺序和格式等。对于同样的任务，用户对 LLM 输入的提示不同，LLM 返回的结果会有很大差别。提示工程（prompt engineering）针对 LLM 和不同的 NLP 任务，设计和生成合适的用户提示。其中，训练示例的展示组织（demonstration orgnization）和展示格式（demonstration format）是最重要的两个部分。

　　展示组织是指给定一组训练示例和一个测试例子，从中选择合适的训练示例及其展示顺序给 LLM 进行语境学习。选择合适的训练示例可以采用非监督学习方法和监督学习方法。非监督学习方法一般选择与测试例子最接近的示例（closest neighbors）供进行语境学习，测量其间距离的方法包括欧几里得距离、余弦相似度、互信息和困惑度等。监督学习方法可以建立排序模型来选择合适的示例。Rubin 等人（Rubin et al., 2022）建立了一个搜索模型来选择候选训练示例，然后通过 LLM 本身对它们打分来选择最终示例。Zhang 等人（Zhang et al., 2022）认为训练示例的选择是一个马尔可夫决策过程，可采用强化学习中的 Q 学习来进行选择。确定训练示例的展示顺序一般有两种方法：(1)基于距离量度，将与测试例子相近的训练示例放在后面与测试例子联结输入 LLM，即与测试例子越相似的训练示例与之越接近；(2)基于信息熵，Lu 等人（Lu et al., 2022）根据少量样本通过 LLM 生成无标注数据集作为验证集，再将验证集的标签分布的信息熵作为指标，来决定训练示例的展示顺序。

　　展示格式是指用户输入 LLM 的展示数据格式。对于简单的推理任务，我们一般将训练示例和测试例子相联结输入 LLM。然而对一些较复杂的推理任务，以上展示格式的方法不太适用。这时，我们需要采取一些更高级的引导方法：一种方法是指导格式（instruct format），它指人工设计精确描述任务的指令提供给 LLM；另一种方式是推理步骤格式（reason step format），它指人工把推理步骤写出来，来启发 LLM 的推理能力。对于小样本语境学习，这种方法被称为思考链（chain of thought）；对零样本语境学习，加有效句"让我们一步步思考"（"Let us think step by step"）就能取得不错的效果（Takeshi K et al., 2022）。表 12-4 和表 12-5 分别展示了小样本语境学习的思考链提示和零样本语境学习的有效句提示与标准提示的区别。

表 12-4　小样本语境学习标准提示和思考链提示对比（Wei et al., 2022b）

LLM 输入：（小样本语境学习的标准提示）	LLM 输入：（小样本语境学习的思考链提示）
问题："小明有 5 个网球，他又买了 2 盒网球，每盒有 3 个网球。那么他现在一共有多少个网球？"	问题："小明有 5 个网球，他又买了 2 盒网球，每盒有 3 个网球。那么他现在一共有多少个网球？"
答案示例："答案是 11"	答案示例："小明开始有 5 个网球，又买了 2 盒，每盒 3 个网球，即 6 个网球。5+6=12。答案是 11"
新问题："餐厅有 23 个苹果，如果用 20 个做午餐，又买了 6 个，那么餐厅现在一共有多少个苹果？"	新问题："餐厅有 23 个苹果，如果用 20 个做午餐，又买了 6 个，那么餐厅现在一共有多少个苹果？"
LLM 输出："答案是 20"（错误答案）	LLM 输出："餐厅原有 23 个苹果。他们用掉 20 个做午餐，所以他们有 23−20=3 个苹果。他们又买了 6 个苹果，所以他们有 3+6=9 个苹果。答案是 9"（正确答案）

表 12-5　　零样本语境学习标准提示和有效句提示对比（Takeshi K et al., 2022）

LLM 输入：（零样本语境学习的标准提示）	LLM 输入：（零样本语境学习的有效句提示）
问题："杂技演员一次能玩 16 个球，一半的球是高尔夫球并且一半的高尔夫球是蓝色，请问一共有多少个蓝色的高尔夫球？"	问题："杂技演员一次能玩 16 个球，一半的球是高尔夫球并且一半的高尔夫球是蓝色，请问一共有多少个蓝色的球？"
提示："答案（阿拉伯数字）是　"	提示："让我们一步步思考"
LLM 输出："答案是 8"（错误答案）	LLM 输出："杂技演员一次能玩 16 个球。一半的球是高尔夫球，意味着高尔夫球有 8 个。一半的高尔夫球是蓝色，意味着蓝色的高尔夫球为 4 个"（正确答案）

12.2　基于人工反馈的强化学习方法

LLM 已经可以根据用户输入的提示生成多样化的文本，然而对生成结果的评估是主观的并且依赖上下文。例如，LLM 生成的创意诗歌、故事或代码片段，很难依据现有的基于规则的文本生成指标（例如 BLUE、ROUGE 等）来衡量。除了评估指标，现有的很多 LLM 的训练目标其实是预测网页上下一个字符，它们并没有显式地引入人的偏好和意图。

基于人工反馈的强化学习（RLHF）的核心思想是将 LLM 生成文本的人工反馈作为性能衡量标准，使用强化学习的方式直接优化带有人工反馈的语言模型。RLHF 最早在 InstructGPT 上使用（Ouyang et al., 2022），它使得在 Web 文本数据语料库上训练的语言模型，能够正确理解用户的意图，回答用户的指令，并且避免输出一些偏见、有毒甚至有害的回答。

RLHF 的数据标注需要专业的标注人员。OpenAI 在开发 InstructGPT 的过程中，雇用了 40 名全职标注人员。这些人经过严格的培训，以形成统一的价值取向和标准。

表 12-6 显示了 GPT-3 和 InstructGPT 在收到同个指令类提示时的回答。GPT-3 并没有按照指令回答问题，而是试图"完成"和"补充"原提示。而通过 RLHF 训练的 InstructGPT 的回答比较合适。

表 12-6　GPT-3 和 InstructGPT 的回答区别

GPT-3	InstructGPT
提示（prompt）："用几句话向 6 岁儿童解释登月"	提示（prompt）："用几句话向 6 岁儿童解释登月"
回答：	回答：
"解释重力理论给 6 岁儿童"	"有人来到月球，并且他们把看到的拍成了照片，然后发
"用几句话把相对论解释给 6 岁儿童"	回地球，所以我们都能看到月球的照片"
"解释大爆炸理论给 6 岁儿童"	
"解释进化论给 6 岁儿童"	

ChatGPT 使用的 RLHF 方法与 InstructGPT 的基本类似。下一节我们将详细介绍 RLHF 方法如何帮助生成 ChatGPT。

12.3　生成 ChatGPT

基于前面介绍的 LLM 和 RLHF 方法，生成 ChatGPT 的主要方法是利用 RLHF 来不断微调 GPT-3.5，使其理解用户提示（prompt）的意图并生成合适的答案。ChatGPT 的训练过程主要分为以下几个步骤。

12.3.1　步骤 1：微调 GPT-3.5

如前所述，GPT-3.5 模型本身较难理解用户不同类型指令中蕴含的个人偏好和意图，无法清楚地执行指令，也无法评估其生成内容的质量，例如，是否包含偏见、有毒甚至有害的信息。为了让 GPT-3.5 初步理解用户指令的意图并生成高质量的答案，我们需要对 GPT-3.5 进行微调。这个过程是首先从指令指示库里随机抽取一批指令（例如，"向 6 岁儿童解释机器学习"），然后专业标注人员对给定的指令提供高质量的答案，从而得到一批<指令, 答案>的标注数据，最后我们通过这些标注数据对 GPT-3.5 进行微调。

12.3.2　步骤 2：训练奖励模型

这一步的主要目的是通过人工标注训练数据来训练奖励模型（reward model）。我们在指令指示库里随机采样一批用户指令，使用第一步微调过的 GPT-3.5 对每个用户指令生成 n 个不同的回答，<指令 1, 回答 1>，<指令 1, 回答 2>，…，<指令 1, 回答 n>。专业标注人员对 n 个回答进行排序。排序的标准包括回答相关性、信息是否丰富、信息是否有偏见、信息是否有害等。

在得到一批用户指令的标注数据后，我们使用这些标注数据来训练奖励模型。具体训练算法是数据对排序学习（pair-wise learning to rank）算法，将一个指令的 n 个排序结果两两组合，形成 n^2 个数据对作为训练数据。ChatGPT 采用数据对损失（pair-wise loss）函数来训练奖励模型。给定一个输入<指令, 回答>对，奖励模型会输出评价回答质量的奖励分数 s。如果人工标注的训练数据<指令, 回答 1>和<指令, 回答 2>相比，回答 1 的排序比回答 2 靠前，则我们希望奖励模型对回答 1 的评分比回答 2 的评分高。这使得奖励模型的评分更像人工评分。对于训练成功的奖励模型，输入<指令, 回答>对，回答的评分越高，说明回答的质量越好。

12.3.3 步骤 3：利用强化学习微调 ChatGPT

这一步采用强化学习微调 ChatGPT 模型参数。这一步不需要人工标注数据，而是利用第二步得到的奖励模型的打分结果来更新 ChatGPT 模型参数。具体过程如下：(1)从指令指示库中随机采样一批新的指令，为了提高 ChatGPT 的泛化能力，这一批指令与第一步和第二步采用的指令不同；(2)使用第一步微调后的 GPT-3.5 模型参数初始化一个 LLM，称为 PPO 模型，对于随机采样的指令，PPO 模型通过策略生成答案；(3)用第二步训练好的奖励模型对答案打分，得到的分数是奖励，传递回 PPO 模型进行策略更新。这是一个强化学习过程。最终，训练好的 PPO 模型就是输出的 ChatGPT 模型。

12.4 ChatGPT 的发展

ChatGPT 是 NLP 领域的一项重大突破和里程碑，它可以处理多种 NLP 任务，例如对话系统、自动问答、机器翻译和文本摘要等。此外，ChatGPT 还用于生成文本，如生成对话、新闻文章、小说、诗歌等。

尽管 ChatGPT 是一个非常先进的 LLM，但它仍然存在一些需要改进的地方。(1)难以处理复杂语境：尽管 ChatGPT 可以生成合理的文本，但它难以处理复杂的语境和推理，例如在理解常识、推理、逻辑等方面存在问题。这会导致 ChatGPT 在某些情况下生成不准确的答案或不恰当的回复。(2)缺乏真实世界的经验：ChatGPT 是利用大量的语料训练而成的，因此它缺乏真实世界的经验。这使得它在某些情况下难以理解人类的行为和情感。(3)存在偏见：由于语料库的来源和构成，ChatGPT 存在一定的偏见。如果一个数据集倾向于特定的人群或文化，那么 ChatGPT 可能会重复这些偏见，导致它的输出也带有偏见。(4)没有情感理解能力：尽管 ChatGPT 可以处理一些情感相关的任务，但它并不具备真正的情感理解能力。这意味着它可能会在回复用户的情感问题时生成不合适的答案。

针对以上问题和应用场景，ChatGPT 未来的发展会涉及以下几个方面。

(1) 提高模型效率和可扩展性：为了让 ChatGPT 更加实用和高效，未来的研究方向将包括优化模型架构、算法和训练方法，以提高模型的效率和可扩展性，使得 ChatGPT 可以更快速地处理更大规模的数据。

(2) 加强多模态融合：随着语言和视觉的结合应用变得越来越普遍，ChatGPT 未来的研究方向将包括加强多模态融合，将语言、图像和视频等多种媒介进行更好的结合和处理。

(3) 提高模型的可解释性和透明度：对于 ChatGPT 等大型深度学习模型，提高其可解释性和透明度非常重要，未来的研究方向将包括开发更好的可解释性方法，以便用户可以更好地理解模型的决策过程和输出结果。

(4) 个性化和情感化处理：ChatGPT 的未来发展也将越来越侧重于个性化和情感化处理，以提高其在自然语言处理领域的实用性。未来的研究方向包括将 ChatGPT 的应用扩展到更广阔的领域，例如客服、心理健康和教育等，以及开发更好的情感处理方法，使 ChatGPT 更能够理解和处理人类的情感。

ChatGPT 的出现对于 NLP 具有重大意义，它使得机器在理解和处理自然语言方面更加接近人类的水平。ChatGPT 及其对应的 LLM 是 NLP 未来的热门研究和应用方向。

参考文献

Abdul-Mageed M, Ungar L H, 2017. EmoNet: fine-grained emotion detection with gated recurrent neural networks. Proceedings of the Annual Meeting of the Association for Computational Linguistics[C].

Agrawal R, Srikant R, 1994. Fast algorithms for mining association rules. Proceedings of the International Conference on Very Large Databases[C].

Akbik A, Blythe D, Vollgraf R, 2018. Contextual string embeddings for sequence labeling. Proceedings of the 27th International Conference on Computational Linguistics[C].

Akhtar M S, et al., 2019. Multi-task learning for multi-modal emotion recognition and sentiment analysis. Proceedings of the Annual Conference of the North American Chapter of the ACL[C].

Alm C O, Roth D, Sproat R, 2005. Emotions from text: machine learning for text-based emotion prediction. Proceedings of Conference on Human Language Technology and Empirical Methods in Natural Language Processing[C].

Arulkumaran K, et al., 2017. Deep reinforcement learning: a brief survey. IEEE Signal Processing Magazine[J], 34(6).

Asghar N, et al., 2018. Affective neural response generation. Proceedings of the European Conference on Information Retrieval[C].

Bahdanau D, Cho K, Bengio Y, 2015. Neural machine translation by jointly learning to align and translate. Proceedings of 3rd International Conference on Learning Representations[C].

Banerjee S, Mitra P, Sugiyama K, 2015. Multi-document abstractive summarization using ILP based multi-sentence compression. Proceedings of International Joint Conference on Artificial Intelligence[C].

Beltagy I, Peters M E, Cohan A, 2020. Longformer: the long-document transformer[OL]. arXiv:2004.05150.

Bengio Y, et al., 2003. A neural probabilistic language model. Journal of Machine Learning Research[J], 3: 1137-1155.

Berant J, et al., 2013. Semantic parsing on Freebase from question-answer pairs. Proceedings of the Conference on Empirical Methods in Natural Language Processing[C].

Bingel J, Søgaard A, 2017. Identifying beneficial task relations for multi-task learning in deep neural networks. Proceedings of the Annual Meeting of the Association for Computational Linguistics[C].

Blei D, 2002. Probabilistic topic models. Communications of the ACM[J], 55(4): 77-84.

Blei D, et al., 2003. Latent Dirichlet allocation. Journal of Machine Learning Research[J], 3: 993-1022.

Blitzer J, Dredze M, Pereira F, 2007. Biographies, Bollywood, boom-boxes and blenders: domain adaptation for sentiment classification. Proceedings of the Annual Meeting of the Association for Computational Linguistics[C].

Blitzer J, McDonald R, Pereira F, 2006. Domain adaptation with structural correspondence learning. Proceedings of the Conference on Empirical Methods in Natural Language Processing[C].

Bojanowski P, et al., 2017. Enriching word vectors with subword information[OL]. arXiv:1607.04606.

Bordes A, Chopra S, Weston J, 2014. Question answering with subgraph embeddings. Proceedings of the Conference on Empirical Methods in Natural Language Processing[C].

Bowman S, et al., 2016. Generating sentences from a continuous space. Proceedings of the 4th International Conference on Learning Representations[C].

Brody S, Elhadad N, 2010. An unsupervised aspect-sentiment model for online reviews. Proceedings of the Annual Conference of the North American Chapter of the ACL[C].

Brown P, et al., 1990. A statistical approach to machine translation. Computational Linguistics[J].

Brown P, et al., 1992. Class-based n-gram models of natural language. Computational linguistics[J], 18(4): 467-479.

Brown P, et al., 1993. The mathematics of statistical machine translation: parameter estimation. Computational Linguistics[J].

Brown T, et al., 2020. Language models are few-short learners[OL]. arXiv:2005.14165.

Cao Z Q, et al., 2018a. Retrieve, rerank and rewrite: soft template based neural summarization. Proceedings of the Annual Meeting of Association for Computational Linguistics[C].

Cao Z Q, et al., 2018b. Faithful to the original: fact aware neural abstractive summarization. Proceedings of AAAI Conference on Artificial Intelligence[C].

Caruana R, 1997. Multitask learning. Machine Learning[J], 28: 41-75.

Celikyilmaz A, et al., 2018. Deep communicating agents for abstractive summarization. Proceedings of the Annual Meeting of the Association for Computational Linguistics[C].

Chen C, et al., 2019. Survey on deep learning based open domain dialogue system. Chinese Journal of Computers[J].

Chen D, et al., 2017. Reading Wikipedia to answer open-domain questions. Proceedings of the Annual Meeting of the Association for Computational Linguistics[C].

Chen M H, et al., 2017. Multimodal sentiment analysis with word-level fusion and reinforcement learning. Proceedings of International Conference on Multimodal Interaction[C].

Chen Y, Bansal M, 2018. Fast abstractive sumariation with reinforce-selected sentence rewriting[OL]. arXiv: 1805.11080.

Chen Y, et al., 2010. Emotion cause detection with linguistic constructions. Proceedings of International Conference on Computational Linguistics[C].

Chen Z Y, Liu B, 2014. Topic modeling using topics from many domains, lifelong learning and big data. Proceedings of the International Conference on Machine Learning[C].

Cheng J P, Dong L, Lapata M, 2016a. Long short-term memory-networks for machine reading. Proceedings of the Conference on Empirical Methods in Natural Language Processing[C].

Cheng J P, Lapata M, 2016b. Neural summarization by extracting sentences and words. Proceedings of the Annual Meeting of Association for Computational Linguistics[C].

Chiang D, 2005. A hierarchical phrase-based model for statistical machine translation. Proceedings of the Annual Conference of the Association for Computational Linguistics[C].

Chiu J P C, Nichols E, 2016. Named entity recognition with bidirectional LSTM-CNNs. Transactions of the Association for Computational Linguistics[J], 4.

Cho K, et al., 2014. Learning phrase representations using RNN encoder–decoder for statistical machine translation. Proceedings of the Conference on Empirical Methods in Natural Language Processing[C].

Choi Y, Cardie C, 2009. Adapting a polarity lexicon using integer linear programming for domain-specific sentiment classification. Proceedings of Conference on Empirical Methods in Natural Language Processing[C].

Chomsky N, 1957. Syntactic structure[M]. The Hague: Mouton.

Chopra S, Auli M, Rush A, 2016. Abstractive sentence summarization with attentive recurrent neural networks. Proceedings of the North American Chapter of the Association for Computational Linguistics[C].

Clark K, et al., 2020. ELECTRA: pre-training text encoders as discriminators rather than generators. Proceedings of the International Conference on Learning Representations[C].

Collobert R, et al., 2011. Natural language processing (almost) from scratch. Journal of Machine Learning Research[J], 1(122): 2493-2537.

Collobert R, Weston J, 2008. A unified architecture for natural language processing: deep neural networks with multitask learning. Proceedings of the 25th International Conference on Machine Learning[C].

Conneau A, et al., 2017. Word translation without parallel data[OL]. arXiv:1710.04087.

Conneau A, et al., 2019. Unsupervised cross-lingual representation learning at Scale[OL]. arXiv:1911.02116.

Cortes C, Vapnik V, 1995. Support-Vector networks. Machine Learning[J], 20: 273-297.

Cover T, Hart P, 1967. Nearest neighbor pattern classification. IEEE Transactions on Information Theory[J], 13: 21-27.

Dai D, et al., 2022. Why can GPT learn in-context? Language models secretly perform gradient descent as meta-optimizers.

Dai W Y, et al., 2007. Boosting for transfer learning. Proceedings of the 24th International Conference on Machine Learning[C].

Devlin J, et al., 2018. BERT: Pre-training of deep bidirectional transformers for language understanding[OL]. arXiv:1810.04805.

Dieng A, et al., 2017. TopicRNN: a recurrent neural network with long-range semantic dependency. Proceedings of the International Conference on Learning Representations[C].

Ding X W, Liu B, Yu P S, 2008. A holistic lexicon-based approach to opinion mining. Proceedings of the Conference on Web Search and Web Data Mining[C].

Dong Q, et al., 2022. A survey on in-context learning. arXiv:2301.00234.

Duong L, et al., 2015. Low resource dependency parsing: cross-lingual parameter sharing in a neural network parser. Proceedings of the Annual Meeting of the Association for Computational Linguistics[C].

Erkan G, Radev D, 2004a. LexPageRank: prestige in multi-document text summarization. Proceedings of the Conference on Empirical Methods in Natural Language Processing[C].

Erkan G, Radev D, 2004b. Lexrank: graph-based lexical centrality as salience in text summarization. Journal of Artificial Intelligence Research[J].

Ferreira R, et al., 2013. Assessing sentence scoring techniques for extractive text summarization. Journal of Expert Systems with Applications[J].

Foster D, 2019. Generative deep learning: teaching machines to paint, write, compose, and play[M]. Sebastopol: O'Reilly.

Freund Y, Schapire R, 1997. A decision-theoretic generalization of on-line learning and an application to boosting. Journal of Computer and System Sciences[J], 55(1): 119-139.

Fukushima K, 1980. Neocognitron: A self-organizing neural network model for a mechanism of pattern recognition unaffected by shift in position. Biological Cybernetics[J], 36: 193-202.

Ganin Y, et al., 2016. Domain-adversarial training of neural networks. Journal of Machine Learning Research[J].

Gehring J, et al., 2017a. A convolutional encoder model for neural machine learning[OL]. arXiv:1611.02344.

Gehring J, et al., 2017b. Convolutional sequence to sequence learning[OL]. arXiv:1705.03122.

Gehrmann S, Deng Y, Rush A, 2018. Bottom-up abstractive summarization. Proceedings of the Conference on Empirical Methods in Natural Language Processing[C].

Ghazvininejad M, et al., 2018. A knowledge-grounded neural conversation model. Proceedings of the AAAI Conference on Artificial Intelligence[C].

Gilmer J, et al., 2017. Neural message passing for quantum chemistry. Proceedings of the International Conference on Machine Learning[C].

Glorot X, Bordes A, Bengio Y, 2011a. Deep sparse rectifier neural networks. Proceedings of the 14th International Conference on Artificial Intelligence and Statistics[C].

Glorot X, Bordes A, Bengio Y, 2011b. Domain adaption for large-scale sentiment classification: a deep learning approach. Proceedings of the 28th International Conference on Machine Learning.

Goodfellow I, et al., 2014. Generative adversarial nets. Proceedings of the Conference on Advances in Neural Information Processing Systems[C].

Graves A, Wayne G, Danihelka I, 2014. Neural turing machines[OL]. arXiv preprint arXiv:1410.5401.

Gu J T, et al., 2016. Incorporating copying mechanism in sequence-to-sequence learning. Proceedings of the Annual Meeting of Association for Computational Linguistics[C].

Gu J T, et al., 2018. Non-autoregressive neural machine translation. Proceedings of the International Conference on Learning Representations[C].

Gui L, et al., 2017. A question answering appraoch to emotion cause extraction. Proceedings of Conference on Empirical Methods in Natural Language Processing[C].

Gulcehre C, et al., 2016. Pointing the unknown words. Proceedings of the Annual Meeting of the Association of Computational Linguistics[C].

Guo J F, et al., 2016. A deep relevance matching model for ad-hoc retrieval., Proceedings of the Conference on Information and Knowledge Management[C].

Hamilton W, 2020. Graph representation learning[M]. San Rafael: Morgan and Claypool Publishers.

Hamilton W, et al., 2017. Inductive representation learning on large graphs. Proceedings of the Conference on Neural Information Processing Systems[C].

Harris Z, 1954. Distributional structure. WORD[J], 10.

Hassan H, et al., 2018. Achieving human parity on automatic Chinese to English news translation[OL]. arXiv: 1803.05567.

Hatzivassiloglou V, McKeown K R, 1997. Predicting the semantic orientation of adjectives. Proceedings of the Annual Meeting of the Association for Computational Linguistics[C].

He D, et al., 2016. Dual learning for machine translation. Proceedings of the Conference on Advances in Neural Information Processing Systems[C].

He L, et al., 2017. Deep semantic role labeling: what works and what's next. Proceedings of the 55th Annual Meeting of the Association for Computational Linguistics[C].

He R, et al., 2017. An unsupervised neural attention model for aspect extraction. Proceedings of the Annual Meeting of the Association for Computational Linguistics[C].

He R, et al., 2019. An interactive multi-task learning network for end-to-end aspect-based sentiment analysis. Proceedings of the Annual Meeting of the Association for Computational Linguistics[C].

Hinton G, et al., 2006. A fast learning algorithm for deep belief nets. Neural Computation[J], 18, 1527.

Hinton G, Salakhutdinov R, 2006. Reducing the dimensionality of data with neural networks. Science[J], 313(5786): 504-507.

Hochreiter S, Schmidhuber J, 1997. Long short-term memory. Neural Computation[J], 9(8): 1735-1780.

Hoffmann J, et al., 2022. Training compute-optimal large language models. arXiv:2203.15556.

Houlsby N, et al., 2019. Parameter-efficient transfer learning for NLP. Proceedings of the 36th International Conference on Machine Learning[C].

Howard J, Ruder S, 2018. Universal language model fine-tuning for text classificaiton. Proceedings of the Annual Meeting of the Association for Computational Linguistics[C].

Hsu W, et al., 2018. A unified model for extractive and abstractive summarization using inconsistency loss. Proceedings of the Annual Meeting of Association for Computational Linguistics[C].

Hu B T, et al., 2014. Convolutional neural network architectures for matching natural language sentences. Proceedings of Advances in Neural Information Processing System[C].

Hu M Q, Liu B, 2004. Mining and summarizing customer reviews. Proceedings of ACM SIGKDD International Conference on Knowledge Discovery and Data Mining[C].

Huang G, et al., 2017. Densely connected convolutional networks. Proceedings of the IEEE Conference on Computer Vision and Pattern Recognition[C].

Huang Z H, Xu W, Yu K, 2015. Bidirectional LSTM-CRF models for sequence tagging[OL]. arXiv:1508.01991.

Jakob N, Gurevych I, 2010. Extracting opinion targets in a single- and cross-domain setting with conditional random fields. Proceedings of the Conference on Empirical Methods in Natural Language Processing[C].

Jean S, et al., 2015. On using very large target vocabulary for neural machine translation. Proceedings of the Annual Conference of the Association for Computational Linguistics[C].

Jiang J, Zhai C X, 2007. Instance weighting for domain adaptaion in NLP. Proceedings of the 45th Annual Meeting of the Association of Computational Linguistics[C].

Jiang L, et al., 2011. Target-dependent twitter sentiment classification. Proceedings of the Annual Meeting of the Association for Computational Linguistics[C].

Jin W, Ho H H, 2009. A novel lexicalized HMM-Based learning framework for web opinion mining. Proceedings of International Conference on Machine Learning[C].

Jindal N, Liu B, 2006. Mining comparative sentences and relations. Proceedings of National Conference on Artificial Intelligence[C].

Jo Y, Oh A, 2011. Aspect and sentiment unification model for online review analysis. Proceedings of the Conference on Web Search and Web Data Mining[C].

Johnson M, et al., 2017. Google's multilingual neural machine translation system: enabling zero-shot translation. Transactions of the Association for Computational Linguistics[J].

Joty S, et al., 2015. Global thread-level inference for comment classification in community question answering. Proceedings of the Conference on Empirical Methods in Natural Language Processing[C].

Joulin A, et al., 2016. Bag of tricks for efficient text classification[OL]. arXiv:1607.01759.

Kalchbrenner N, Blunsom P, 2013. Recurrent continuous translation models. Proceedings of the Conference on Empirical Methods in Natural Language Processing[C].

Kalchbrenner N, Grefenstette E, Blunsom P, 2014. A convolutional neural network for modelling sentences. Proceedings of the Annual Meeting of the Association for Computational Linguistics[C].

Kamps J, et al., 2004. Using WordNet to measure semantic orientation of adjectives. Proceedings of International Conference on Language Resources and Evaluation[C].

Kanayama H, Nasukawa T, 2006. Fully automatic lexicon expansion for domain-oriented sentiment analysis. Proceedings of Conference on Empirical Methods in Natural Language Processing[C].

Kendall A, Gal Y, Cipolla R, 2018. Multi-task learning using uncertainty to weigh losses for scene geometry and semantics[OL]. arXiv:1705.07115.

Kim S, Hovy E H, 2004. Determining the sentiment of opinions. Proceedings of International Conference on Computational Linguistics[C].

Kim S, Kang I, Kwak N, 2019. Semantic sentence matching with densely-connected recurrent and co-attentive information. Proceedings of the AAAI Conference on Artificial Intelligence[C].

Kim Y, 2014. Convolutional neural networks for sentence classification. Proceedings of the Annual Meeting of the Association for Computational Linguistics[C].

Kingma D, Welling M, 2013. Auto-encoding variational bayes. Proceedings of the International Conference on Learning Representations[C].

Kipf T, Welling M, 2017. Semi-supervised classification with graph convolutional networks. Proceedings of the International Conference on Learning Representations[C].

Koehn P, Och F J, Marcu D, 2003. Statistical phrase-based translation. Proceedings of the Conference of the North American Chapter of the Association for Computational Linguistics[C].

Kokkinos I, 2017. UberNet: training a 'universal' convolutional neural network for low-, mid-, and high-level vision using diverse datasets and limited memory. Proceedings of IEEE Conference on Computer Vision and Pattern Recognition[C].

Krizhevsky A, Sutskever I, Hinton G, 2012. Imagenet classification with deep convolutional neural networks. Proceedings of the Conference of Neural Information Processing Systems[C].

Kumar A, et al., 2016. Ask me anything: dynamic memory networks for natural language processing. Proceedings of 33rd International Conference on Machine Learning[C].

Kwiatkowski T, et al., 2013. Scaling semantic parsers with on-the-fly ontology matching. Proceedings of the Conference on Empirical Methods in Natural Language Processing[C].

Lai S, 2016. Word and document embeddings based on neural network approaches [OL]. arXiv:1611.05962.

Lample G, Conneau A, 2019. Cross-lingual language model pretraining[OL]. arXiv:1901.07291.

Lample G, et al., 2016. Neural architectures for named entity recognition. Proceedings of the 15th Annual Conference of the North American Chapter of the Association for Computational Linguistics[C].

Lan Z Z, et al., 2020. ALBERT: a lite BERT for self-supervised learning of language representations. Proceedings of the International Conference on Learning Representations[C].

Landauer T, Foltz P, Laham D, 1998. An introduction to latent semantic analysis. Discourse Processes[J], 25(2-3): 259-284.

Le Q, Mikolov T, 2014. Distributed representations of sentences and documents[OL]. arXiv:1405.4053.

LeCun Y, et al., 1989. Backpropagation applied to handwritten zip code recognition. Neural Computation[J], 1: 541-551.

Lee H, et al., 2009. Convolutional deep belief networks for scalable unsupervised learning of hierarchical representations. Proceedings of the International Conference on Machine Learning[C].

Lee K, et al., 2017. End-to-end neural coreference resolution. Proceedings of the Conference on Empirical Methods in Natural Language Processing[C].

Lei W Q, et al., 2018. Sequicity: simplifying task-oriented dialogue systems with single sequence-to-sequence architectures. Proceedings of the 56th Annual Meeting of the Association for Computational Linguistics[C].

Lewis M, et al., 2019. BART: denoising sequence-to-sequence pre-training for natural language generation, translation, and comprehension[OL]. arXiv:1910.13461.

Li J W, et al., 2015. A hierarchical neural autoencoder for paragraphs and documents. Proceedings of the Annual Meeting of the Association for Computational Linguistics[C].

Li J W, et al., 2016a. A diversity-promoting objective function for neural conversation models. Proceedings of the Conference of the North American Chapter of the Association for Computational Linguistics[C].

Li J W, et al., 2016b. A persona-based neural conversation model. Proceedings of the Annual Meeting of the Association for Computational Linguistics[C].

Li J W, et al., 2016c. Deep reinforcement learning for dialogue generation. Proceedings of the Conference on Empirical Methods in Natural Language Processing[C].

Li J W, et al., 2017. Adversarial learning for neural dialogue generation. Proceedings of the Conference on Empirical Methods in Natural Language Processing[C].

Li J, et al., 2020. A survey on deep learning for named entity recognition. IEEE Transactions on Knowledge and Data Engineering[J].

Li P J, et al., 2017. Deep recurrent generative decoder for abstractive text summarization. Proceedings of the Conference on Empirical Methods in Natural Language Processing[C].

Li S S, et al., 2010. Comparable entity mining from comparative questions. Proceedings of the Annual Meeting of the Association for Computational Linguistics[C].

Li Y X, 2018. Deep reinforcement learning: an overview[OL]. arXiv:1810.06339.

Li Z, et al., 2017. End-to-end adersarial memory network for cross-domain sentiment classificaiton. Proceedings of International Joint Conference on Artificial Intelligence[C].

Lin C H, He Y L, 2009. Joint sentiment/topic model for sentiment analysis. Proceedings of ACM International Conference on Information and Knowledge Management[C].

Lin C, 2004. ROUGE: a package for automatic evaluation of summaries. Proceedings of the Workshop of the Annual Meeting of Association for Computational Linguistics[C].

Lin H, Bilmes J, 2010. Multi-document summarization via budgeted maximization of submodular functions. Proceedings of the North American Chapter of the Association for Computational Linguistics[C].

Lin H, Bilmes J, 2011. A class of submodular functions for document summarization. Proceedings of the Annual Meeting of Association for Computational Linguistics[C].

Lin Y, et al., 2016. Neural relation extraction with selective attention over instances. Proceedings of the 54th Annual Meeting of the Association for Computational Linguistics[C].

Liu B, 2012. Sentiment analysis and opinion mining[M]. Chicago: Morgan & Claypool Publishers.

Liu B, 2015. Sentiemnt analysis: mining opinions, sentiments, and emotions[M]. Chicago: Cambridge University Press.

Liu F, et al., 2015. Toward abstractive summarization using semantic representations. Proceedings of the North American Chapter of the Association for Computational Linguistics[C].

Liu K, Xu L H, Zhao J, 2013. Syntactic patterns versus word alignment: extracting opinion targets from online reviews. Proceedings of the Annual Meeting of the Association for Computational Linguistics[C].

Liu P F, Qiu X P, Huang X J, 2016. Recurrent neural network for text classification with multi-task learning. Proceedings of 25th International Joint Conference on Artificial Intelligence[C].

Liu Q, et al., 2015. Automated rule selection for aspect extraction in opinion mining. Proceedings of International Joint Conference on Artificial Intelligence[C].

Liu Y, et al., 2019. RoBERTa: a robustly optimized BERT pretraining approach[OL]. arXiv:1907.11692.

Liu Y, Lapata M, 2019. Text summarization with pretrained encoders[OL]. arXiv:1908.08345.

Long M S, et al., 2013. Transfer feature learning with joint distribution adaptation. Proceedings of the International Conference on Computer Vision[C].

Long M S, et al., 2015. Learning transferable features with deep adaption networks. Proceedings of the International Conference on Machine Learning[C].

Long M S, et al., 2016. Unsupervised domain adaptation with residual transfer networks. Proceedings of the 30th Conference on Neural Information Processing Systems[C].

Long M S, et al., 2017. deep transfer learning with joint adaptation networks. Proceedings of the International Conference on Machine Learning[C].

Lowe R, et al., 2015. The Ubuntu dialogue corpus: a large dataset for research in unstructured multi-turn dialogue systems. Proceedings of Annual Meeting of the Special Interest Group on Discourse and Dialogue[C].

Lowe R, et al., 2017. Towards an automatic turing test: learning to evaluate dialogue responses. Proceedings of the Annual Meeting of the Association for Computational Linguistics[C].

Lu Y, et al., 2022. Fantastically ordered prompts and where to find them: overcoming few-shot prompt order sentitivity. Proceedings of the Annual Meeting of the Association for Computational Linguistics[C].

Luong M, et al., 2016a. Multi-task sequence to sequence learning. Proceedings of the International Conference on Learning Representations[C].

Luong M, et al., 2016b. Achieving open vocabulary neural machine translation with hybrid word-character models. Proceedings of the Annual Meeting of the Association for Computational Linguistics[C].

Luong M, Pham H, Manning C, 2015. Effective approaches to attention-based neural machine transation. Proceedings of the Conference on Empirical Methods in Natural Language Processing[C].

Ma N Z, et al., 2020. Entity-aware dependency-based deep graph attention network for comparative reference classification. Proceedings of the Annual Meeting of the Association for Computational Linguistics[C].

Ma X Z, Hovy E, 2016. End-to-end sequence labeling via bi-directional LSTM-CNNs-CRF. Proceedings of the 54th Annual Meeting of the Association for Computational Linguistics[C].

Madotto A, Wu C, Fung P, 2018. Mem2Seq: effectively incorporating knowledge bases into end-to-end task-oriented dialog systems. Proceedings of the Annual Meeting of the Association for Computational Linguistics[C].

Manning C, Schütze H, 1999. Foundations of statistical natural language processing[M]. Massachusetts: The MIT Press.

Marcheggiani D, Titov I, 2017. Encoding sentences with graph convolutional networks for semantic role labeling. Proceedings of the Conference on Empirical Methods in Natural Language Processing[C].

McCann B, et al., 2018. The natural language decathlon: multitask learning as question answering[OL]. arXiv: 1806.08730.

McDonald R T, et al., 2007. Structured models for fine-to-coarse sentiment analysis. Proceedings of the Annual Meeting of the Association for Computational Linguistics[C].

Mei Q Z, et al., 2007. Topic sentiment mixture: modeling facets and opinions in weblogs. Proceedings of International Conference on World Wide[C].

Merity S, et al., 2016. Pointer sentinel mixture models[OL]. arXiv:1609.07843.

Mihalcea R, Banea C, Wiebe J, 2007. Learning multilingual subjective language via cross-lingual projections. Proceedings of the Annual Meeting of the Association for Computational Linguistics[C].

Mihalcea R, Tarau P, 2004. Textrank: bringing order into texts. Proceedings of the Conference on Empirical Methods in Natural Language Processing[C].

Mikolov T, et al., 2010. Recurrent neural network based language model. Proceedings of 11th Annual Conference of the International Speech Communication Association[C].

Mikolov T, et al., 2013a. Distributed representations of words and phrases and their compositionality. Advances in Neural Information Processing Systems[J], 26: 3111-3119.

Mikolov T, et al., 2013b. Exploiting similarities among languages for machine translation[OL]. arXiv:1309.4168.

Minaee S, et al., 2020. Deep learning based text classification: a comprehensive review[OL]. arXiv:2004.03705.

Minsky M, Papert S, 1969. Perceptrons: an introduction to computational geometry[M]. Massachusetts: The MIT Press.

Misra I, et al., 2016. Cross-stitch networks for multi-task learning. Proceedings of IEEE Conference on Computer Vision and Pattern Recognition[C].

Mitra B, Diaz F, Craswell N, 2017. Learning to match using local and distributed representations of text for web search. Proceedings of the International World Wide Web[C].

Miwa M, Bansal M, 2016. End-to-end relation extraction using LSTMs on sequences and tree structures. Proceedings of the Annual Conference of the Association for Computational Linguistics[C].

Mnih A, Kavukcuoglu K, 2013. Learning word embeddings efficiently with noise-contrastive estimation. Proceedings of Advances in Neural Information Processing Systems[C].

Mnih V, et al., 2015. Human-level control through deep reinforcement Learning. Nature[J], 518: 529-533.

Mohammad S M, 2012. #Emotional tweets. Proceedings of the First Joint Conference on Lexical and Computational Semantics[C].

Mohammad S M, Turney P D, 2013. Crowdsourcing a word-emotion association lexicon. Computational Intelligence[J], 29(3): 436-465.

Mou L L, et al., 2015. Sequence to backward and forward sequences: a content-introducing approach to generative short-text conversation. Proceedings of the International Conference on Computational Linguistics[C].

Mou L L, et al., 2016. How transferable are neural networks in NLP applications?. Proceedings of the Conference on Empirical Methods in Natural Language Processing[C].

Mrkšić N, et al., 2016. Neural belief tracker: data-driven dialogue state tracking[OL]. arXiv:1606.03777.

Mukherjee A, Liu B, 2012. Aspect extraction through semi-supervised modeling. Proceedings of the Annual Meeting of Association for Computational Linguistics[C].

Nallapati R, et al., 2016. Abstractive text summarization using sequence-to-sequence RNNs and beyond. Proceedings of the Conference on Computational Natural Language Learning[C].

Nallapati R, et al., 2017. SummaRuNNer: a recurrent neural network based sequence model for extractive summarization of documents. Proceedings of Thirty-First AAAI Conference on Artificial Intelligence[C].

Narasimhan K, Yala A, Barzilay R, 2016. Improving information extraction by acquiring external evidence with reinforcement learning. Proceedings of the Conference on Empirical Methods in Natural Language Processing[C].

Narayanan R, Liu B, Choudhary A N, 2009. Sentiment analysis of conditional sentences. Proceedings of Conference on Empirical Methods in Natural Language Processing[C].

Och F J, 2003. Minimum error rate training in statistical machine translation. Proceedings of the Annual Conference of the Association for Computational Linguistics[C].

Och F J, Ney H, 2004. The alignment template approach to statistical machine translation. Computational Linguistics[J].

OpenAI, 2023. GPT-4 technical report.

Ouyang L, et al., 2022. Training language models to follow instructions with human feedback.

Pan S J, et al., 2008. Transfer learning via dimensionality reduction. Proceedings of the 23rd AAAI Conference on Artificial Intelligence[C].

Pan S J, et al., 2009. Domain adaption via Transfer Component Analysis. Proceedings of the 21th International Joint Conference on Artificial Intelligence[C].

Pan S J, et al., 2010. Cross-domain sentiment classification via spectral feature alignment. Proceedings of International Conference on World Wide Web[C].

Pan S J, Qiang Yang, 2009. A survey on transfer learning. IEEE Transactions on Knowledge and Data Engineering[J], 22(10): 1345-1359.

Pang B, Lee L, 2008. Opinion mining and sentiment analysis. Foundations and Trends in Information Retrieval[J], 2(1-2): 1-135.

Pang B, Lee L, Vaithyanathan S, 2002. Thumbs up? sentiment classification using machine learning techniques. Proceedings of Conference on Empirical Methods in Natural Language Processing[C].

Pang L, et al., 2016. Text matching as image recognition. Proceedings of the AAAI Conference on Artificial Intelligence[C].

Parrott W G, 2001. Emotions in Social Psychology: Essential Readings. Psychology Press[J].

Paulus R, Xiong C M, Socher R, 2018. A deep reinforced model for abstractive summarization. Proceedings of International Conference on Learning Representations[C].

Peng M L, et al., 2018. Cross-domain sentiment classification with target domain specific information. Proceedings of the Annual Meeting of Association for Computational Linguistics[C].

Pennington J, Socher R, Manning C, 2014. GloVe: global vectors for word representation. Proceedings of the Empirical Methods in Natural Language Processing[C].

Peters M, et al., 2018. Deep contextualized word representations. Proceedings of 16th Annual Conference of the North American Chapter of the Association for Computational Linguistics[C].

Pires T, Schlinger E, Garrette D, 2019. How multilingual is Multilingual BERT?[OL].arXiv:1906.01502.

Poria S, et al., 2016a. A deeper look into sarcastic tweets using deep convolutional neural networks. Proceedings of International Conference on Computational Linguistics[C].

Poria S, et al., 2016b. Convolutional mkl based multimodal emotion recognition and sentiment analysis. Proceedings of IEEE International Conference on Data Mining[C].

Poria S, et al., 2017a. A review of affective computing: from unimodal analysis to multimodal fusion. Information Fusion[J], 37: 98-125.

Poria S, et al., 2017b. Context-dependent sentiment analysis in user-generated videos. Proceedings of the Annual Meeting of Association for Computational Linguistics[C].

Qiu G, et al., 2011. Opinion word expansion and target extraction through double propagation. Computational Linguistics[J], 37 (1): 9-27.

Qiu M H, et al., 2017. AliMe chat: a sequence to sequence and rerank based chatbot engine. Proceedings of the Annual Meeting of the Association for Computational Linguistics[C].

Quinlan J R, 1986. Induction of decision trees. Machine Learning[J], 1: 81-106.

Radford A, et al., 2018. Improving language understanding by generative pre-training[OL].

Radford A, et al., 2019. Language models are unsupervised multitask learners[OL].

Raganato A, Bovi C D, Navigli R, 2017. Neural sequence learning models for word sense disambiguation. Proceedings of the Conference on Empirical Methods in Natural Language Processing[C].

Rajpurkar P, et al., 2016. SQuAD: 100,000 + questions for machine comprehension of text. Proceedings of the Conference on Empirical Methods in Natural Language Processing[C].

Riloff E, et al., 2013. Sarcasm as contrast between a positive sentiment and negative situation. Proceedings of Conference on Empirical Methods in Natural Language Processing[C].

Ritter A, Cherry C, Dolan W B, 2011. Data-driven response generation in social media. Proceedings of the Conference on Empirical Methods in Natural Language Processing[C].

Rubin O, et al., 2022. Learning to retrieve prompts for in-context learning. Proceedings of Conference of the North American Chapter of the Association for Computational Linguistics [C].

Ruder S, 2017. An overview of multi-task learning in deep neural networks[OL]. arXiv:1706.05098.

Ruder S, 2019. Neural transfer learning for natural language processing[D]. Ph.D. thesis.

Ruder S, et al., 2019. A survey of cross-lingual word embedding models. Journal of Artificial Intelligence Research[J].

Ruder S, Vulić I, Søgaard A, 2017. A survey of cross-lingual word embedding models[OL]. arXiv:1706.04902.

Rumelhart D, Hinton G, Williams R, 1986. Learning representations by back-propagating errors. Nature[J], 323: 533-536.

Rummery G A, Niranjan M, 1994. On-line Q-learning using connectionist systems. Technical Report[R]. CUED/F-INFENG/TR166. Cambridge University.

Rush A, Chopra S, Weston J, 2015. A neural attention model for abstractive sentence summarization. Proceedings of the Conference on Empirical Methods in Natural Language Processing[C].

Samuel A, 1959. Some studies in machine learning using the game of checkers. IBM Journal of Research and Development[J], 3.

Sanchez-Gomez J, Vega-Rodriguez M, Perez C, 2018. Extractive multi-document text summarization using a multi-objective artificial bee colony optimization approach. Journal of Knowledge-Based Systems[J].

Schapire R, 1990. The strength of weak learnability. Machine Learning[J], 5(2): 197-227.

Schuster T, et al., 2019. Cross-lingual alignment of contextual word embeddings with applications to zero-shot dependency parsing. Proceedings of the Annual Conference of the North American Chapter of the Association for Computational Linguistics[C].

See A, Liu P, Manning C, 2017. Get to the point: summarization with pointer-generator networks. Proceedings of the Annual Meeting of Association for Computational Linguistics[C].

Seo M, et al., 2017. Bidirectional attention flow for machine comprehension. Proceedings of the International Conference on Learning Representations[C].

Serban I, et al., 2015. Building end-to-end dialogue systems using generative hierarchical neural network models. Proceedings of the AAAI Conference on Artificial Intelligence[C].

Serban I, et al., 2017a. A hierarchical latent variable encoder-decoder model for generating dialogues. Proceedings of the AAAI Conference on Artificial Intelligence[C].

Serban I, et al., 2017b. Multiresolution recurrent neural networks: an application to dialogue response generation. Proceedings of the AAAI Conference on Artificial Intelligence[C].

Sermanet P, LeCun Y, 2011. Traffic sign recognition with multi-scale convolutional networks. Proceedings of the International Joint Conference on Neural Networks[C].

Shang L F, Lu Z D, Li H, 2015. Neural responding machine for short-text conversation. Proceedings of the Annual Meeting of the Association for Computational Linguistics[C].

Shao Y L, et al., 2017. Generating high-quality and informative conversation responses with sequence-to-sequence models. Proceedings of the Conference on Empirical Methods in Natural Language Processing[C].

Shen D, et al., 2007. Document summarization using conditional random fields. Proceedings of the International Joint Conference on Artificial Intelligence[C].

Shen Y L, et al., 2014. Learning semantic representations using convolutional neural networks for web search. Proceedings of the Conference on World Wide Web[C].

Socher R, et al., 2013. Recursive deep models for semantic compositionality over a sentiment treebank. Proceedings of the Conference on Empirical Methods on Natural Language Processing[C].

Sohn K, Yan X C, Lee H, 2015. Learning structured output representation using deep conditional generative models. Proceedings of the Conference on Advances in Neural Information Processing Systems[C].

Sordoni A, et al., 2015. A neural network approach to context-sensitive generation of conversational responses. Proceedings of the Conference of the North American Chapter of the Association for Computational Linguistics[C].

Standley T, et al., 2019. Which tasks should be learned together in multi-task learning[OL]. arXiv:1905.07553.

Sukhbaatar S, et al., 2015. End-To-End memory networks. Proceedings of the Conference on Advances in Neural Information Processing Systems[C].

Sutskever I, Vinyals O, Le Q V, 2014. Sequence to sequence learning with neural networks. Advances in Neural Information Processing Systems[C]. A Bradford Book: 3104-3112.

Sutton R, Barto A, 2018. Reinforcement learning: an introduction[M]. 2nd ed. MIT Press.

Taboada M, et al., 2011. Lexicon-based methods for sentiment analysis. Computational Linguistics[J], 37(2): 267–307.

Tai K S, Socher R, Manning C, 2015. Improved semantic representations from tree-structured long short-term memory networks. Proceedings of the Annual Meeting of the Association for Computational Linguistics[C].

Takeshi K, et al., 2022. Large language model are zero-shot reasoners. Proceedings of the Conference on Neural Information Processing Systems [C].

Tan C Q, et al., 2018. A survey on deep transfer learning[OL]. arXiv:1808.01974.

Tan M, et al., 2016. Improved representation learning for question answer matching, 2016. Proceedings of the Annual Meeting of the Association for Computational Linguistics[C].

Tang D, Qin B, Liu T, 2015. Document modeling with gated recurrent neural network for sentiment classification. Proceedings of the Annual Meeting of Association for Computational Linguistics[C].

Titov I, McDonald R T, 2008. Modeling online reviews with multi-grain topic models. Proceedings of International Conference on World Wide Web[C].

Toba H, et al., 2014 Discovering high quality answers in community question answering archives using a hierarchy of classifiers. Information Sciences[J].

Touvron H, 2023. LLaMA: open and efficient foundation language models. arXiv:2302.13971.

Tsur O, Davidov D, Rappoport A, 2010. A great catchy name: semi-supervised recognition of sarcastic sentences in online product reviews. Proceedings of the International AAAI Conference on Weblogs and Social Media[C].

Turing A, 1950. Computing machinery and intelligence. Mind[J], 59(236): 433-460.

Turney P D, 2002. Thumbs up or thumbs down? semantic orientation applied to unsupervised classification of reviews. Proceedings of the Annual Meeting of the Association for Computational Linguistics[C].

Valiant L, 1984. A theory of the learnable. Communications of the ACM[J], 27(11): 1134-1142.

Vapnik V, 1998. Statistical learning theory[M]. Hoboken: Wiley.

Vapnik V, Lerner A, 1963. Pattern recognition using generalized portrait method. Automation and Remote Control[J], 24: 774-780.

Vaswani A, et al., 2017. Attention is all you need. Proceedings of the Conference on Neural Information Processing Systems[C].

Vijayakumar A, et al., 2016. Diverse beam search: decoding diverse solutions from neural sequence models[OL]. arXiv:1610.02424.

Vinyals O, Fortunato M, Jaitly N, 2015. Pointer networks. Proceedings of Advances in Neural Information Processing Systems[C].

Vinyals O, Le Q, 2015. A neural conversational model[OL]. arXiv:1506.05869.

Karpukhin V, Oguz B, Min S, et al., 2020. Densc passage retrieval for open-domain question answering. Proceedings of the Conference on Empirical Methods on Natural Language Processing[C]

Wan S X, et al., 2016a. A deep architecture for semantic matching with multiple positional sentence representations. Proceedings of the AAAI Conference on Artificial Intelligence[C].

Wan S X, et al., 2016b. Match-SRNN: modeling the recursive matching structure with spatial RNN. Proceedings of the International Joint Conference on Artificial Intelligence[C].

Wan X J, 2009. Co-training for cross-lingual Sentiment Classification. Proceedings of the Annual Meeting of the ACL and the IJCNLP of the AFNLP[C].

Wang H N, Lu Y, Zhai C X, 2010. Latent aspect rating analysis on review text data: a rating regression approach. Proceedings of ACM SIGKDD International Conference on Knowledge Discovery and Data Mining[C].

Wang J, et al., 2016a. Dimensional sentiment analysis using a regional CNN-LSTM model. Proceedings of the Annual Meeting of the Association for Computational Linguistics[C].

Wang M, et al., 2016b. Memory-enhanced decoder for neural machine translateon[OL]. arXiv:1606.02003.

Wang S H, et al., 2018a. R3: reinforced reader-ranker for open-domain question answering. Proceedings of the Thirty-Second AAAI Conference on Artificial Intelligence[C].

Wang S, et al., 2018b. Target-sensitive memory networks for aspect sentiment classification. Proceedings of Annual Meeting of the Association for Computational Linguistics[C].

Wang W H, et al., 2017. Gated self-matching networks for reading comprehension and question answering. Proceedings of the Annual Meeting of the Association for Computational Linguistics[C].

Wang W Y, et al., 2016c. Recursive neural conditional random fields for aspect-based sentiment analysis. Proceedings of the Conference on Empirical Methods on Natural Language Processing[C].

Wang Y, et al., 2016d. Attention-based LSTM for aspect-level sentiment classfication. Proceedings of the Conference on Empirical Methods on Natural Language Processing[C].

Wang Z G, Hamza W, Florian R, 2017. Bilateral multi-perspective matching for natural language sentences. Proceedings of the International Joint Conference on Artificial Intelligence[C].

Watkins C, Dayan P, 1992. Q-Learning. Machine Learning[J], 8: 279-292.

Wei J, et al., 2022a. Emergent abilities of large language models. arXiv:2206.07682.

Wei J, et al., 2022b. Chain-of-thought prompting elicts reasoning in large language models. arXiv:2201.11903.

Wen T, et al., 2015. Semantically conditioned LSTM-based natural language generation for spoken dialogue systems. Proceedings of the Conference on Empirical Methods in Natural Language Processing[C].

Weston J, Chopra S, Bordes A, 2015. Memory Networks. Proceedings of the International Conference on Learning Representations[C].

Wiebe J, et al., 2004. Learning subjective language. Computational Linguistics[J], 30(3): 277-308.

Williams R, 1992. Simple statistical gradient-following algorithms for connectionist reinforcement learning. Machine Learning[J], 8: 229-256.

Wu Y H, et al., 2016. Google's neural machine translation system: bridging the gap between human and machine translation[OL]. arXiv:1609.08144.

Wu Y, et al., 2017. Sequential matching network: a new architecture for multi-turn response selection in retrieval-based chatbots. Proceedings of the Annual Meeting of the Association for Computational Linguistics[C].

Xia R, Ding Z X, 2019. Emotion-Cause Pair Extraction: A new task to emotion analysis in texts. Proceedings of Annual Meeting of the Association for Computational Linguistics[C].

Xing C, et al., 2017. Topic aware neural response generation. Proceedings of the AAAI Conference on Artificial Intelligence[C].

Xiong W H, Hoang T, Wang W Y, 2017. DeepPath: a reinforcement learning method for knowledge graph reasoning. Proceedings of the Conference on Empirical Methods in Natural Language Processing[C].

Xu H, et al., 2018. Double embeddings and CNN-based sequence labeling for aspect extraction. Proceedings of Annual Meeting of the Association for Computational Linguistics[C].

Xu K, et al., 2015. Show, attend and tell: neural image caption generation with visual attention. Proceedings of the International Conference on Machine Learning[C].

Yan R, Song Y P, Wu H, 2016. Learning to respond with deep neural networks for retrieval-based human-computer conversion system. Proceedings of the Conference on Research and Development in Information Retrieval[C].

Yang C H, Lin K H, Chen H, 2007. Building emotion lexicon from weblog corpora. Proceedings of the Annual Meeting of the ACL on Interactive Poster and Demonstration Sessions[C].

Yang L, et al., 2013. CQArank: jointly model topics and expertise in community question answering. Proceedings of the International Conference on Information and Knowledge Management[C].

Yang L, et al., 2018. Response ranking with deep matching networks and external knowledge in information-seeking conversation systems. Proceedings of the Conference on Research and Development in Information Retrieval[C].

Yang Z C, et al., 2016. Hierarchical attention networks for document classification. Proceedings of the Annual Conference of the North American Chapter of the ACL[C].

Yang Z L, Salakhutdinov R, Cohen W, 2017. Transfer learning for sequence tagging with hierarchical recurrent networks. Proceedings of the 5th International Conference on Learning Representations[C].

Yao K, Zweig G, Peng B L, 2015. Attention with intention for a neural network conversation model[OL]. arxViv: 1510:08565.

Yao L, Mao C S, Luo Y, 2019. Graph convolutional networks for text classification. Proceedings of the Conference of 33rd AAAI Conference on Artificial Intelligence[C].

Yao X C, Durme B V, 2014. Information extraction over structured data: question answering with Freebase. Proceedings of the Annual Meeting of the Association for Computational Linguistics[C].

Yih W, He X D, Meek C, 2014. Semantic parsing for single-relation question answering. Proceedings of the Annual Meeting of the Association for Computational Linguistics[C].

Yin J H, Wang J Y, 2014. A Dirichlet multinomial mixture model-based approach for short text clustering. Proceedings of the 20th ACM SIGKDD international conference on Knowledge discovery and data mining[C].

Yin W P, et al., 2016. ABCNN: attention-based convolutional neural network for modeling sentence pairs. Transactions of the Association for Computational Linguistics[J].

Yosinski J, et al., 2014. How transferable are features in deep neural networks?. Proceedings of the Advances in Neural Information Processing Systems[C].

Young T, et al., 2017. Recent trends in deep learning based natural language processing[OL]. arXiv:1708.02709.

Young T, et al., 2018. Augmenting end-to-end dialog systems with commonsense knowledge. Proceedings of the AAAI Conference on Artificial Intelligence[C].

Yu A W, et al., 2018. Gated self-matching networks for reading comprehension and question answering. Proceedings of the International Conference on Learning Representations[C].

Yu L, et al., 2017. SeqGAN: sequence generative adversarial nets with policy gradient. Proceedings of the 31th AAAI Conference on Artificial Intelligence[C].

Zadeh A, et al., 2017. Tensor fusion network for multimodal sentiment analysis. Proceedings of the Conference on Empirical Methods on Natural Language Processing[C].

Zaheer M, et al., 2020. Big Bird: transformers for longer sequences. Proceedings of Neural Information Processing Systems[C].

Zeng D, et al., 2014. Relation classification via convolutional deep neural network. Proceedings of 25th International Conference on Computational Linguistics[C].

Zhang H, et al., 2018. Self-attention generative adersarial networks[OL]. arXiv preprint arXiv: 1805.08318.

Zhang L, et al., 2018. Deep learning for sentiment analysis: a survey. Wiley Interdisciplinary Reviews: Data Mining and Knowledge Discovery[J].

Zhang L, Liu B, 2011. Identifying noun product features that imply opinions. Proceedings of the Annual Meeting of the Association for Computational Linguistics[C].

Zhang M S, et al., 2015. Neural networks for open domain targeted sentiment. Proceedings of the Conference on Empirical Methods on Natural Language Processing[C].

Zhang M S, et al., 2016. Tweet sarcasm detection using deep neural network. Proceedings of International Conference on Computational Linguistics[C].

Zhang W, et al., 2019. Bridging the gap between training and inference for neural machine translation. Proceedings of the Annual Meeting of the Association for Computational Linguistics[C].

Zhang X X, Lapata M, 2017. Sentence simplification with deep reinforcement learning. Proceedings of the Conference on Empirical Methods in Natural Language Processing[C].

Zhang X, Zhao J B, LeCun Y, 2015. Character-level convolutional networks for text classification. Proceedings of Advances in Neural Information Processing Systems[C].

Zhang Y, et al., 2022. Active example selection for in-context learning. Proceedings of the Conference on Empirical Methods in Natural Language Processing[C].

Zhang Z S, et al., 2018. Modeling multi-turn conversation with deep utterance aggregation. Proceedings of the International Conference on Computational Linguistics[C].

Zhao M J, Schutze H, 2019. A multilingual BPE embedding space for universal sentiment lexicon induction. Proceedings of the Annual Meeting of the Association for Computational Linguistics[C].

Zhao W X, et al., 2010. Jointly modeling aspects and opinions with a MaxEnt-LDA hybrid. Proceedings of Conference on Empirical Methods in Natural Language Processing[C].

Zhao Z, et al., 2014. Expert finding for question answering via graph regularized matrix completion. IEEE Transactions on Knowledge and Data Engineering[J].

Zheng S C, et al., 2017. Joint extraction of entities and relations based on a novel tagging scheme[OL]. arXiv: 1706.05075.

Zhou G Y, et al., 2013. Improving question retrieval in community question answering using world knowledge. Proceedings of the International Joint Conference on Artificial Intelligence[C].

Zhou G Y, et al., 2015. Learning continuous word embedding with metadata for question retrieval in community question answering. Proceedings of the Annual Meeting of the Association for Computational Linguistics[C].

Zhou H, et al., 2018a. Commonsense knowledge aware conversation generation with graph attention. Proceedings of the Joint Conference on Artificial Intelligence[C].

Zhou H, et al., 2018b. Emotional chatting machine: emotional conversation generation with internal and external memory. Proceedings of the AAAI Conference on Artificial Intelligence[C].

Zhou J, Xu W, 2015. End-to-end learning of semantic role labeling using recurrent neural networks. Proceedings of the 53rd Annual Meeting of the Association for Computational Linguistics[C].

Zhou L, et al., 2020. The design and implementation of XiaoIce, an empathetic social chatbot. Computational Linguistics[J], 46(1): 53-93.

Zhou Q Y, et al., 2017. Selective encoding for abstractive sentence summarization. Proceedings of the Annual Meeting of Association for Computational Linguistics[C].

Zhou X D, Wang W Y, 2018d. MojiTalk: generating emotional responses at scale. Proceedings of the Annual Meeting of the Association for Computational Linguistics[C].   Zaheer M, et al., 2020. Big Bird: transformers for longer sequences. Proceedings of Neural Information Processing Systems[C].

Zhou X J, Wan X J, Xiao J G, 2016. Attention-based LSTM network for cross-lingual sentiment classification. Proceedings of Conference on Empirical Methods in Natural Language Processing[C].

Zhou X Y, et al., 2016. Multi-view response selection for human-computer conversation. Proceedings of the Conference on Empirical Methods in Natural Language Processing[C].

Zhou X Y, et al., 2018c. Multi-turn response selection for chatbots with deep attention matching network. Proceedings of the Annual Meeting of the Association for Computational Linguistics[C].

Zhuang L, Jing F, Zhu X Y, 2006. Movie review mining and summarization. Proceedings of ACM International Conference on Information and Knowledge Management[C].

陈晨，等. 2019. 基于深度学习的开放领域对话系统研究综述.计算机学报[J]，42.

赵阳洋，等. 2020. 任务型对话系统研究综述. 计算机学报[J]，43.

周志华. 2016. 机器学习[M]. 北京：清华大学出版社.

宗成庆. 2013. 统计自然语言处理（第二版）[M]. 北京：清华大学出版社.

技术改变世界 · 阅读塑造人生

深度学习入门：基于 Python 的理论与实现

- ◆ 日本深度学习入门经典畅销书，长期位列日亚"人工智能"类图书榜首
- ◆ 使用Python 3，尽量不依赖外部库或工具，从零创建一个深度学习模型
- ◆ 示例代码清晰，源代码可下载，简单易上手
- ◆ 结合直观的插图和具体的例子，将深度学习的原理掰开揉碎，简明易懂

作者：［日］斋藤康毅
译者：陆宇杰

Python 深度学习（第 2 版）

- ◆ 深度学习名著重磅升级，涵盖Transformer架构等开创性进展
- ◆ 百万用户级深度学习框架Keras之父执笔，文字生动、见解深刻
- ◆ 不用一个数学公式，利用直觉自然入门深度学习

作者：［美］弗朗索瓦·肖莱（Franc̜ois Chollet）
译者：张亮

深度强化学习

- ◆ 内容新颖，涵盖最近10年最重要的深度强化学习方法，紧跟学术最前沿
- ◆ 知识精悍，围绕实用、精简两大原则，专注核心知识，成书篇幅仅312
- ◆ 图多易懂，书中原创140多幅精美全彩插图，让方法和原理变得形象生动
- ◆ 论文导读，书中列出了136篇参考文献，相当于一份宝贵的论文阅读清单
- ◆ 配套课件，部分章节配有PPT和公开视频课，读者可以直接获取所有资源
- ◆ 作者资深，工业界专家王树森、黎　君联合导师、学术界专家张志华作

作者：王树森，黎或君，张志华